涤纶环保阻燃抗熔滴及性能研究

方寅春　著

中国纺织出版社有限公司

内 容 提 要

本书详细阐述阻燃剂的作用和分类、涤纶（PET）的燃烧机理以及阻燃研究进展，重点研究DOPO衍生物阻燃剂的合成及其在涤纶织物阻燃中的应用。本书的研究成果对新型含磷环保阻燃剂的合成与应用、涤纶织物环保膨胀阻燃体系的开发、涤纶新型阻燃后处理技术，以替代传统有毒有害的卤系阻燃剂、克服传统后整理阻燃剂用量大和利用率低等造成的环境污染问题，对涤纶等纺织品的环保阻燃和抗熔滴性能研究具有重要价值。

本书可供纺织品阻燃、高分子材料阻燃等相关专业的研究人员借鉴、参考，也可供广大教师和学生学习使用。

图书在版编目（CIP）数据

涤纶环保阻燃抗熔滴及性能研究 / 方寅春著 . -- 北京：中国纺织出版社有限公司，2021.4
ISBN 978-7-5180-8329-9

Ⅰ.①涤… Ⅱ.①方… Ⅲ.①涤纶织物—防火整理—研究 Ⅳ.① TS156

中国版本图书馆 CIP 数据核字（2021）第 020645 号

责任编辑：苗 苗 金 昊　　特约编辑：符 芬
责任校对：王蕙莹　　　　　　责任印刷：王艳丽

中国纺织出版社有限公司出版发行
地址：北京市朝阳区百子湾东里 A407 号楼　邮政编码：100124
销售电话：010—67004422　传真：010—87155801
http://www.c-textilep.com
中国纺织出版社天猫旗舰店
官方微博 http://weibo.com/2119887771
北京玺诚印务有限公司印刷　　各地新华书店经销
2021 年 4 月第 1 版第 1 次印刷
开本：787×1092　1/16　印张：9.75
字数：210 千字　定价：78.00 元

前言

聚对苯二甲酸乙二醇酯（PET）作为一种热塑性材料，具有优异的机械性能、尺寸稳定性和耐化学稳定性，被广泛地用作高性能工程塑料、纤维材料等。PET属于可燃材料，在某些领域的应用对其阻燃性有要求。至20世纪末，PET阻燃主要基于含卤阻燃剂。随着阻燃领域日趋无卤化，大量研究表明磷系阻燃剂成为含卤阻燃剂的一类最有效的替代品，一些主要以气相机理起作用的磷系阻燃剂已被工业界接受。与此同时，提高阻燃聚酯的抗熔滴性是一个重要的研究方向，促进成炭是改善熔滴现象的有效途径。磷系阻燃剂也被开发作为涤纶纺织品用阻燃整理剂，但商品价格高，有的存在用量较大、耐久性差等问题。

9，10-二氢-9-氧杂-10-磷杂菲-10-氧化物（DOPO）作为阻燃剂通过形成含磷的自由基而发挥气相阻燃作用，自20世纪末至今受到了人们的重视。如今，已有以DOPO衍生物为共聚组分的阻燃PET产品。本书以DOPO为起始阻燃剂，较系统地进行用于涤纶织物阻燃整理的衍生物的研究开发，兼顾PET塑料的共混阻燃处理。在探明DOPO用于涤纶织物阻燃整理的效果基础上，一方面，从降低DOPO分子中P—H键的活性以提高与分散染料染色同浴的可行性及提高阻燃剂利用率等方向，合成衍生物；另一方面，从提高阻燃剂的阻燃性能和改善涤纶的抗熔滴性能角度，将DOPO与具有凝聚相阻燃作用的阻燃基团结合。

层层自组装（LBL自组装）的方法可精确控制结构的厚度、组成和功能，近年来，也被大量研究采用该方法赋予纺织品阻燃性能。膨胀阻燃体系（IFR）具有较好成炭作用，是以磷、氮为主要组成的绿色环保阻燃体系。然而，目前基于LBL自组装方法在涤纶织物上构建膨胀阻燃体系的报道相对较少。因此，研究开发涤纶新型环保含磷阻燃剂，以及基于绿色环保膨胀阻燃体系的层层自组装构建，对替代传统有毒有害的卤系阻燃剂、减少传统后整理阻燃剂因用量大和利用率低等造成的环境污染问题，及对涤纶等纺织品的环保阻燃和抗熔滴方面具有重要价值。

本书基于涤纶织物的环保阻燃抗熔滴，以DOPO为含磷的阻燃剂，对其进行合成改性，引入不同结构合成得到新的DOPO衍生物阻燃剂，将其用于涤纶织物阻燃整理；以层层自组装的方法在涤纶织物上构建膨胀阻燃体系；对DOPO及其合成得到的衍生物阻燃剂和膨胀阻燃体系整理的涤纶织物的阻燃抗熔滴性能进行研究。

本书的相关研究工作得到了东华大学化学化工与生物工程学院周翔教授等专家、学者的大力支持与帮助，笔者对此表示最诚挚的感谢。同时，感谢安徽省自然科学基金青年项目（1908085QE225）、安徽省重点研究与开发计划项目（202004a06020023）、国家高技术研究发展计划项目（2013AA06A307）、安徽工程大学校级科研项目（Xjky03201902、Xjky2020047）、安徽工程大学引进人才科研启动基金（2018YQQ010）对本书出版的资助。

由于笔者水平有限，书中难免存在疏漏与不妥之处，恳请广大读者不吝赐教，容后改进。

著者
2020年11月

化学物质全称简写对照

简写	全称
PET	聚对苯二甲酸乙二醇酯
DOPO	9,10-二氢-9-氧杂-10-磷杂菲-10-氧化物
DOPO-CH$_2$OH	DOPO 的羟甲基取代衍生物
DOPO-CH$_3$	DOPO 的甲基取代衍生物
HCCP	六氯环三磷腈
DOPO-TPN	六（磷杂菲-羟甲基）环三磷腈
DOPC	2-氯-2-氧杂-5,5-二甲基-1,3,2-二氧磷杂环己烷
DOPO-DOPC	2-磷杂菲-羟甲基-5,5-二甲基-2-氧-1,3,2-二氧磷杂环己烷
Et$_3$N	三乙胺
APP	聚磷酸铵
CH	壳聚糖
BPEI	支化聚乙烯亚胺

目录

第七章

第一章

绪　论

高分子材料在当今社会占有十分重要的地位，天然和合成高分子材料广泛应用于人们日常生活的各个领域。但大多数的高分子材料都易燃或可燃，在外部热源和火源的作用下会燃烧而引发火灾，有的高分子燃烧时还会释放出大量的烟和有毒有害气体。高分子材料的阻燃深受重视，除了开发本体阻燃的高分子，也常通过阻燃剂来改善和提高高分子材料的阻燃性能。聚对苯二甲酸乙二醇酯（PET）作为一种热塑性材料及用量最大的聚酯材料，具有优异的机械性能和尺寸稳定性等，被广泛地用作高性能工程塑料、纤维材料等。但其可燃的缺陷需要通过阻燃剂加以弥补。随着人们面临的环境压力的增大，对阻燃剂除了要求阻燃效率高以外，对其自身及其分解产物的环保要求与日俱增。因此，研究和开发高效、无毒、环保的阻燃剂具有十分重要的意义。

第一节　阻燃剂概述

早在1735年，英国人就申请了有关纺织品阻燃的专利。1820年，Gay-Lussac研究发现将硼砂与硫酸铵或磷酸铵混合后可阻燃纤维织物。1913年，W.Perkin将纺织品用锡酸盐（或钨酸盐）与硫酸铵处理，其阻燃性较耐久。1930年，卤素与氧化锑的协同阻燃效应被发现。这三项成果是现代阻燃科学的里程碑[1-5]。20世纪60年代，我国才开始开展阻燃剂的研发和生产，经过80年代的快速发展后，现阶段已趋于稳步发展。我国的阻燃剂工业在2010～2020年期间以6%～7%的速度增长[6-8]。

一、阻燃剂的阻燃作用

高分子材料在外部热源加热下，会降解生成挥发性产物，当其达到一定浓度和温度时就会着火燃烧。燃烧放出的部分热量会促进材料降解，生成更多的可燃物[9]。阻燃剂可抑制或阻止材料燃烧过程的物理或化学变化而起到阻燃作用。

一些阻燃剂可在气相分解生成活性自由基与燃烧过程中生成的·OH和·H等反应，抑制燃烧链式反应而发挥阻燃作用。有的受热可分解产生不燃性气体材料使热降解产生的可燃性气体和氧气浓度稀释，达不到燃烧的条件而阻燃。

阻燃剂也可通过改变材料热降解的方式使其成为稳定的炭而减少可燃物的产生，发挥阻燃作用。凝聚相阻燃机理往往特指这种作用，有时也包含覆盖作用。阻燃剂也可在材料的表面形成覆盖层或泡沫状物质，阻止热和空气进入材料内部及阻止可燃性气体扩散到外部，达到阻燃效果。有的阻燃剂则通过吸热效应可使材料表面温度降低到热降解所需温度以下，从而达到阻燃效果[10-12]。

二、阻燃剂分类

根据在阻燃中起关键作用的元素不同，阻燃剂可分为卤系、磷系和氮系等；按加入的方式不同，阻燃剂可分为添加型和反应型两大类，添加型阻燃剂用量最多，应用也较广泛[13-14]。而按照阻燃作用的特点，也有一些别的分类，如有一类称为膨胀型阻燃剂。

（一）卤系阻燃剂

溴系阻燃剂是卤系阻燃剂中最大的一类。溴系阻燃剂一般分为添加型、反应型和高聚物型等，细分种类很多，例如，有多溴联苯醚类、四溴双酚A类、溴代苯酚类等。溴系阻燃剂曾经因其阻燃效率高且价格适中而被广泛使用。溴系阻燃剂分解形成的自由基能与聚合物分解形成的自由基反应，进而延缓或抑制燃烧自由基链式反应。释放出的HBr本身是一种难燃气体，可以起到阻隔和稀释氧气浓度的作用[15-17]。

含卤阻燃剂由于其燃烧过程中会释放出卤化物及含卤的二苯并二噁英和二苯并呋喃等腐蚀性和毒性的气体带来环境和人体安全问题，2005年Oeko–Tex Standard 100限制在纺织品上使用五溴二苯醚和八溴二苯醚，十溴二苯醚和六溴环十二烷等也随之受到限用，含溴的阻燃剂也出现在欧盟Reach法规的高关注物质清单中，阻燃剂的无卤化日益受到重视[18-19]。

（二）磷系阻燃剂

磷系阻燃剂的使用相对较早，早期研究发现，材料在含磷阻燃剂的作用下生成比较多的焦炭，从而减少可燃物的生成量，主要通过凝聚相起作用，其中包括改变热降解方式，促进成炭和形成覆盖层等。但也有很多磷系阻燃剂同时含有凝聚相和气相作用。磷系阻燃剂分为无机磷系阻燃剂和有机磷系阻燃剂。无机磷系阻燃剂包括红磷、聚磷酸铵和水溶性的无机磷酸盐等，有机磷系阻燃剂包括磷酸酯、膦酸酯、亚磷酸酯、有机磷盐和氧化膦等[20-23]。

燃烧时，含磷阻燃剂可分解生成磷酸，进一步脱水生成偏磷酸，经聚合生成聚偏磷酸。聚偏磷酸具有很强的酸性可促进材料脱水炭化，从而减少可燃物生成量，形成炭层隔绝了空气和热，从而起到很好的阻燃作用[24-26]。

有些含磷阻燃剂在燃烧时会形成PO·，它可以与燃烧生成的·OH和·H发生如下的自由基反应，起到抑制燃烧的作用[27-28]。

$$nH_3PO_4 \rightarrow HPO_2 + PO\cdot + 其他$$

$$PO\cdot + \cdot H \rightarrow HPO$$

$$HPO\cdot + \cdot H \rightarrow H_2 + PO\cdot$$

$$PO\cdot + \cdot OH \rightarrow HPO + \cdot O$$

（三）膨胀型阻燃剂体系

膨胀型阻燃剂（又称膨胀型阻燃剂体系、膨胀阻燃体系）由三个部分组成：碳源、酸源和气源[29-31]。受热时，膨胀型阻燃体系中的酸源催化碳源脱水成炭，气源分解的气体促进形成膨松多孔、相对封闭的炭层。炭层本身不易燃烧，且可减弱热传导，气体扩散也得到阻止[32]。有时仅需要两种组分即可，而另一组分则由聚合物充当。各组分的要求如下。

（1）酸源。酸源能使碳源脱水，且必须在低于碳源的分解温度下释放酸。常用的酸源是聚磷酸铵（APP）。

（2）碳源。碳源是形成炭层的基础，碳含量和活性羟基的数量会影响其有效性。含碳量高的多羟基化合物可作为碳源，常用的碳源有季戊四醇和新戊二醇等。

（3）气源。气源可在适当的温度分解产生大量惰性气体。气源以尿素和三聚氰胺最为常用。

影响膨胀体系成炭的因素很多，如聚合物本身的结构和性质、三组分的组成、裂解及燃烧时的条件等因素都会影响膨胀成炭的结构。膨胀炭层的隔热效应不仅受炭产量、炭层高度和炭层结构的影响，也受其化学组成、化学键强度及交联键的数量影响[33]。膨胀型阻燃剂具有无卤、低烟和环保等特点而优于一般的阻燃剂。此外，炭层可减少聚合物熔滴的产生[34]。

第二节　DOPO 衍生物阻燃剂的研究进展

磷系阻燃剂作为一大类阻燃剂，具有低毒、低烟和高效等特点，而已成为研究的热点。9，10-二氢-9-氧杂-10-磷杂菲-10-氧化物（DOPO，9、10两个位置分别为氧和磷，按照菲环结构，此位置应有双键存在，但由于氧和磷的存在，这两个位置只能为饱和状态，与加氢后的状态相同，因此而命名）及其衍生物是其中之一[35-41]。

一、DOPO 的结构和性能

DOPO 分子结构中含有磷杂菲环，具有非共平面、大体积结构、极性分子等特点[42-43]。含有环状的 O＝P—O 键使其热和化学稳定性优于一般未成环的有机磷酸酯，阻燃性更优。其化学结构式如图 1-1 所示。

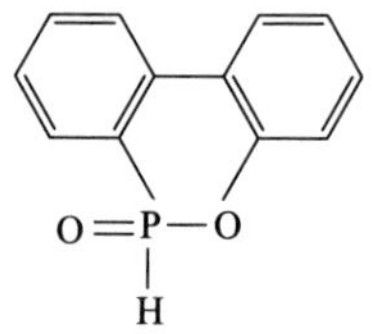

图 1-1　DOPO 化学结构式

1972 年，日本 SANKO 公司的 Saito 等申请的德国专利报道了 DOPO 的合成[44]。但是，在其发明之后的二十年时间并未受到关注。早期有研究将 DOPO 添加到聚酯中作为抑制变色剂[45]。1998 年，王春山[46]将 DOPO 用于制备无卤阻燃环氧树脂，使得 DOPO 作为阻燃剂受到更多的关注。

DOPO 分子结构中具有活泼的 P—H 键，可以与含活泼双键的化合物（如烯烃和醛类等）及环氧化物等反应得到反应型或添加型阻燃剂[47]。用于环氧树脂和聚酯的 DOPO 反应型阻燃剂，主要基于 DOPO 的环氧单体或是含羧基和酯基的 DOPO 衍生物，通常在环氧树脂中磷含量为 1.5% 以上可达到 UL-94 V-0 级。添加型 DOPO 衍生物阻燃剂在聚合物中要达到 UL-94 V-0 级，其中磷含量一般需 1.0% 以上[48]。

二、DOPO 衍生物用于环氧树脂阻燃

DOPO 衍生物作为阻燃剂引起人们的关注是始于阻燃环氧树脂的研究，作为环氧树脂的阻燃剂仍是 DOPO 衍生物目前最主要的应用[49]。阻燃环氧树脂可以通过与反应型阻燃剂反应得到，也可以添加阻燃剂共混得到，或通过加入具有阻燃性能的固化剂得到[50-51]。

最早是 Wang 等报道的[46]由 DOPO 和对苯醌反应得到的产物 DOPO-HQ。DOPO-HQ 作为反应型阻燃剂用于邻甲酚醛环氧树脂阻燃，阻燃环氧树脂具有较好的阻燃性能和更高的玻璃化温度 T_g（℃），当磷含量为 1.1% 时可以达到 UL-94 V-0 级。Wang 等[52-53]报道了以 4，4'-二氨基二苯甲烷（DDM）作为固化剂制备含有 DOPO-HQ 的双酚 A 二缩水甘油醚

（DGEBA）阻燃环氧树脂，当磷含量为2.1%时可以达到UL-94 V-0级，极限氧指数（LOI）为35%，与DGEBA采用DDM相比，具有更高的T_g。

添加型DOPO衍生物阻燃剂在环氧树脂中因无需特殊的固化反应条件、使用较方便等优点，也受到关注。王俊胜等[54]在DOPO结构中引入双环笼状磷酸酯（PEPA）合成了磷含量较高的添加型阻燃剂CDOP-PEPA（图1-2），其磷含量达到17%。当CDOP-PEPA在环氧树脂体系中的添加量为15%时，可达到UL-94 V-0级。

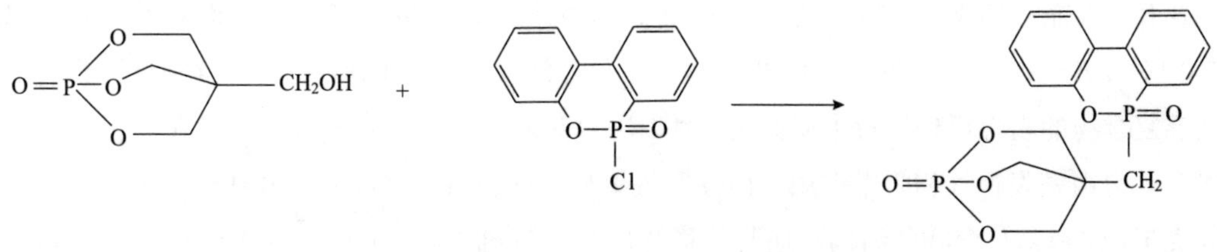

图1-2　CDOP-PEPA的合成反应

Döing等[55-57]在DOPO结构中引入三嗪环合成了添加型阻燃剂DOPO-Cyanur和DOPO-Cyan-O。在双酚A二缩水甘油醚/4，4'-二氨基二苯砜（DGEBA/DDS）体系中添加20%（磷含量2%）的DOPO-Cyanur，可以达到UL-94 V-0级。DOPO-Cyanur的加入并没有影响DGEBA环氧树脂的其他性能，随添加量的增加，T_g下降不大，仍保持在较高的温度。DOPO-Cyan-O用于RTM6（多官能团环氧树脂体系）和DGEBA环氧树脂体系的阻燃。当DOPO-Cyan-O含量为20%（磷含量2%）时，RTM6体系的LOI从24.3%增加到33.3%，DGEBA体系LOI则从21.9%增至31.2%，同样，DOPO-Cyan-O的加入也并没有明显地影响树脂的整体性能。

可用作环氧树脂固化剂的DOPO衍生物是在环氧树脂中引入含DOPO类阻燃剂的另一种方法[58-64]。Liu等[65]由DOPO和4-羟基苯甲醛（4-HBA）通过简单的加成反应得到一种含羟基的DOPO基环氧树脂固化剂（DOPO-PN），DOPO-PN用作环氧树脂固化剂，当树脂中磷含量为2%时LOI值为26%，且达到UL-94 V-0级。他们还合成了含氨基的DOPO基二胺（DOPO-A）环氧树脂固化剂，DOPO-A由DOPO与4，4'-二氨基二苯甲酮合成。用DOPO-A固化的环氧树脂具有较好的阻燃性能，当树脂中磷含量为4.2%时，LOI可以达到37%；当磷含量为9%时，LOI可以达到50%[66]。

Lin等[67]合成了含羟基的DOPO基衍生物DOPO-Triol和含氨基的DOPO基衍生物DOPO-TA。DOPO-Triol通过DOPO与玫红酸合成，作为DGEBA的固化剂，当磷含量为1.87%时可以达到UL-94 V-0级。DOPO-TA由DOPO和对玫红酸酰氯化物的亲核加成反应得到。DOPO-TA作为DGEBA的固化剂及二环戊二烯环氧树脂（HP7200）的固化剂。对DOPO-TA/DGEDBA/DDM（二氨基二苯甲烷）体系，当磷含量为1.8%时可以达到UL-94 V-0级，而DOPO-TA/HP7200/DDM体系当磷含量为1.46%时，也可达到UL-94 V-0级。

Cho等[68]合成了一种含酸酐基团的DOPO-甲基琥珀酸酐（DMSA），可用作DGEBA和环氧酚醛树脂的固化剂。与商品酸酐固化剂比较，如邻苯二甲酸酐（PA）和六羟基邻苯二甲酸酐（HHPA），环氧树脂采用DMSA固化可提高LOI和成炭率，且LOI和成炭率随磷含量的增加而增加。对于DGEBA体系，当体系中磷含量为2.5%时，LOI从不含阻燃剂的19%增加至35%左右。

早期DOPO阻燃环氧树脂的研究主要基于研究得到阻燃性能优异且对环氧树脂机械性能及其他性能影响较小的阻燃剂，而对阻燃剂的阻燃机理研究相对较少。2006年，Schartel等[69]对DOPO的乙基化衍生物DOPO-Et和含三嗪环的衍生物DOPO-Cyanur分别与环氧树脂共混复合物的阻燃机理进行了研究，表明DOPO基的阻燃剂在降解过程中可在气相中释放出PO·自由基发挥气相阻燃作用，而存在凝聚相中的磷可促进成炭，哪种作用起主导不仅取决于DOPO基化合物的结构，还与其降解过程中与聚合物之间的相互作用有关。DOPO-Et更多的是释放含磷的化合物而发挥气相阻燃作用，而DOPO-Cyanur表现出了更高的促进成炭作用。此后出现了较多DOPO基阻燃剂阻燃机理的研究报道。

Qian等[70]合成了一种新的含有DOPO和不饱和键的阻燃剂（DOPO-HEA）。DOPO-HEA以不同比例与环氧丙烯酸酯（EA）反应得到阻燃环氧树脂，含有DOPO-HEA的树脂阻燃性能得到改善，残留物含量明显提高。通过裂解质谱、红外光谱及拉曼光谱研究其阻燃机理，表明在凝聚相中DOPO-HEA会分解形成磷酸促进EA成炭，阻燃分子结构中的DOPO部分能分解形成含磷的自由基而发挥气相阻燃作用，气相和凝聚相阻燃作用相结合使得EA的阻燃性能明显改善。

三、DOPO衍生物用于聚酯阻燃

DOPO衍生物作为阻燃剂的另一个主要应用是聚酯的阻燃处理。常见的聚酯有聚对苯二甲酸乙二醇酯（PET）、聚对苯二甲酸丁二醇酯（PBT）、聚萘二甲酸乙二醇酯（PEN）、聚萘二甲酸丁二醇酯（PBN）等。这些聚酯都具有优异的机械性能和耐化学性能，但都存在阻燃性差的缺点，因此，常需要进行阻燃处理。DOPO衍生物被研究以共聚或共混的方式用于聚酯的阻燃，可以赋予聚酯优异的阻燃性能。

Wang[71]合成了含磷的PEN和PBN共聚酯，先由DOPO与对苯醌反应，生成物再与碳酸乙烯酯反应得到含有羟乙基的DOPO对苯醌衍生物。得到的DOPO对苯醌衍生物再分别与萘二甲酸二羟乙基酯或萘二甲酸二羟丁基酯共聚反应制备阻燃共聚PEN和PBN，当其磷含量分别为0.48%和0.97%时，可以达到UL-94 V-0级，具有优异的阻燃性能。

Wang[72]采用DOPO与衣康酸（ITA）合成了DOPO衍生物ODOP-BDA，对苯二甲酸二甲酯或2，6-萘二甲酸甲酯分别与乙二醇反应生成对苯二甲酸二羟乙基酯（BHET）和萘二甲酸二羟乙基酯（BHEN），合成的ODOP-BDA分别与BHET或BHEN直接酯化反应制备本质阻燃

PET和PEN。当共聚PET和PEN中磷含量分别为0.75%和0.50%时，可达到UL-94 V-0级。

徐晓强[73]同样用DOPO与衣康酸（ITA）合成了DDPO，并以共混的方式用于PBT的阻燃，表现出了优异的阻燃性能。随着DDPO含量的增加，PBT的LOI值增大，当DDPO的添加量为25%时，LOI可以达到31.2%，UL-94可达到V-0级。

DOPO在PET阻燃中的应用将在本章第四节进行综述。

四、DOPO衍生物与其他类阻燃剂的协同阻燃

为了提高DOPO衍生物类阻燃剂的阻燃性能，有研究将DOPO衍生物与其他类型的阻燃剂结合或利用磷氮协同效应，达到协同阻燃的效果。包括DOPO与三聚氰胺、环磷腈、硅系阻燃剂、石墨烯、笼型聚倍半硅氧烷（POSS）材料以及无机纳米复合材料等的结合进行协同阻燃。

Wang等[74]报道了关于热固性环氧树脂采用含有磷氮的阻燃剂进行改性，含有磷氮的环氧树脂由二缩水甘油醚环氧树脂与DOPO改性的异氰酸三缩水甘油醚（TGICP）的反应得到。当TGICP在环氧树脂中的添加量达到10%时，其LOI可达35.0%，也可以达到UL-94 V-0等级。加入TGICP会使环氧树脂最高热释放速率（PHRR）和总的热释放（THR）都有所降低。

Xiong等[75]合成了一种含DOPO的三聚氰胺席夫碱（P-MSB，被用作环氧树脂的固化剂），通过4-羟基苯甲醛与三聚氰胺缩合反应制得中间体MSB，然后加入DOPO反应得到含DOPO的三聚氰胺席夫碱（P-MSB）。P-MSB用作邻甲酚醛树脂（CNE）固化剂，P-MSB与等比例的酚醛树脂固化剂（PN）相比，P-MSB/CNE体系具有高的极限氧指数（LOI为35%）和成炭率，表现出较好的磷氮协同阻燃效应。P-MSB的存在有利于促进CNE形成膨胀炭层，可有效地阻止热传递及材料内部进一步降解和燃烧。

Qian[76]合成了DOPO和环磷腈的衍生物（HAP-DOPO），用于环氧树脂的共混阻燃。当磷含量为1.2%时，HAP-DOPO共混环氧树脂的LOI可达到31.6%，UL-94达到V-0级。在燃烧过程中，HAP-DOPO会释放出PO·自由基阻止降解的链反应而发挥气相作用，从磷杂菲中降解出与环磷腈相连的残留的磷酸酯可增加残留物的交联密度，促进形成高强度、高产量和富含磷的炭层而发挥凝聚相阻燃作用。

Dong等[77]制备了固定有DOPO的硅纳米颗粒（SiO_2-DOPO），如图1-3所示。采用SiO_2-DOPO与膨胀体系阻燃剂（IFR）用于聚丙烯（PP）阻燃，当PP/IFR中IFR［APP（聚磷酸铵）与PER（季戊四醇）的质量比为2：1］为25%时，同时结合1%的SiO_2-DOPO纳米颗粒，此时阻燃PP可以达到UL-94 V-0级，LOI可以达到32.1%。加入SiO_2-DOPO纳米颗粒可以改善PP的热稳定性，而且SiO_2-DOPO纳米颗粒的存在可以促使其形成连续的炭层表面，抑制热的传递，表现出很好的协同阻燃作用。

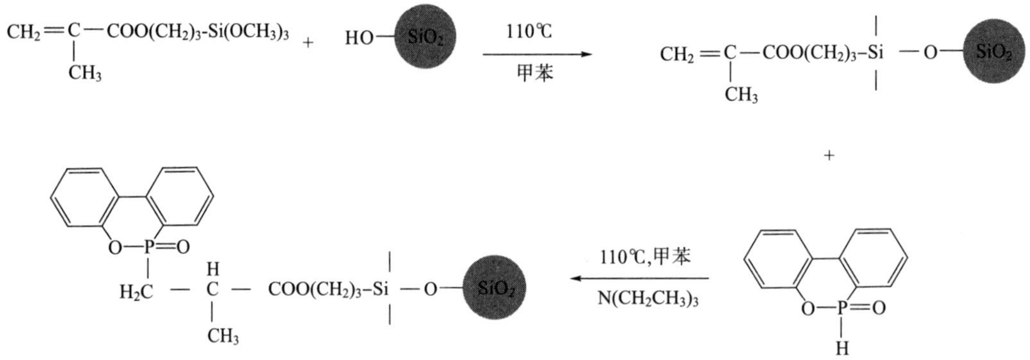

图1-3 DOPO基硅纳米颗粒（SiO₂-DOPO）的合成

Wang[78]将八乙烯基低聚倍半硅氧烷（OVPOSS）与含DOPO的环氧树脂（PCEP）共混制备含磷—硅阻燃环氧树脂，利用磷—硅的协同效应可得到具有优异阻燃性能的环氧树脂。阻燃机理研究表明存在磷—硅的协同效应，磷可促进成炭，而引入的硅可促进炭的稳定，防止炭的氧化降解。

Liao[79]将DOPO接枝到氧化石墨烯的表面得到改性氧化石墨烯（DOPO-rGO），将制得的DOPO-rGO与环氧树脂共混可明显改善环氧树脂的成炭性能和阻燃性能。当DOPO-rGO含量为10%时，与相同含量的未接枝的GO和DOPO相比，残留物含量和LOI可分别提高81%和30%，表现出优异的协同阻燃效应。

第三节 PET 热裂解机理

一、PET热裂解原理

PET属于热塑性高聚物。因其具有高的强度、优异的机械性能和尺寸稳定性及耐化学稳定性好等优良性能而具有广泛的用途。但PET的LOI为20%~22%，属于可燃材料。高分子材料的燃烧一般包括受热分解、点燃、燃烧传播、充分和稳定燃烧及燃烧衰减五个阶段。而热塑性聚合物受热燃烧时，还会表现出软化、熔融、收缩等现象[80-81]。在外部热源的加热下，PET会先软化，接着会熔融收缩；当达到一定温度时，PET会发生热裂解，生成可燃性和不燃性气体以及炭残留等。可燃性挥发有机物在氧气存在的条件下会发生有焰燃烧并释放出热量，产生的部分热量进一步促进PET的热裂解[82-85]。PET热裂解产生的可燃性气体是维持燃烧的重要条件之一，因此，PET热裂解过程的研究显得十分重要。

二、PET热裂解研究

关于PET热裂解的研究很多，也提出了很多机理。Bednas[86]认为PET裂解是无规断键机理，裂解第一步是包含六元环过渡态酯键的断裂产生羧酸和乙烯酯（图1-4）。羧酸和乙烯酯进一步降解成小分子的羧酸和乙烯酯，进一步发生酯断裂反应形成小分子裂解产物。PET的主要裂解产物有CO、CO_2、乙醛、苯、苯甲酸等物质。Cooney[87]提出了PET裂解至少有三个以上的主要降解阶段，是十分复杂的过程。Vijayakumar[88]认为PET降解首先发生的是β断裂生成乙烯酯和羧酸，进一步降解形成小分子的乙醛和乙烯等。Chang[89]认为PET裂解是交联机理，PET降解第一步形成乙烯酯和羧酸；乙烯酯经加成聚合和"链脱离反应"得到多烯，最后经环化反应形成交联产物。Edge[90]则认为PET的降解为自由基机理，PET在热和氧的作用下会产生羟基自由基，分子链断裂形成二苯乙烯酯化合物。江海红[91]认为PET降解为同步裂解机理，在降解初期，PET分子链断裂形成羧酸和乙烯酯；生成的羧酸进一步降解产生苯甲酸和二氧化碳等；乙烯酯则生成环烯交联产物，最终可裂解产生酮类和CO等。此外，还存在部分的自由基降解过程，PET大分子链在热降解时还会产生·OH和·H自由基以及聚合物自由基，经过进一步反应生成联苯类化合物。

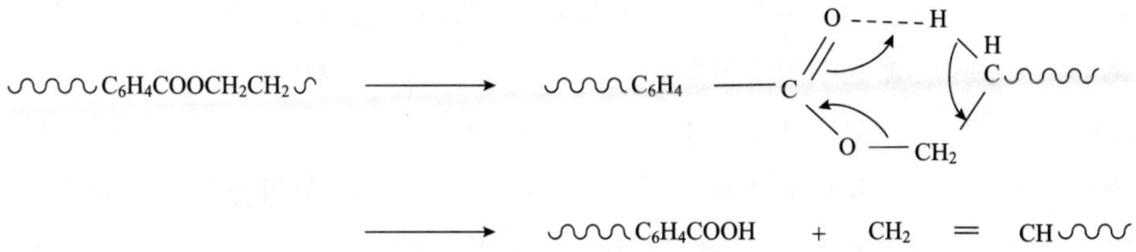

图1-4　PET裂解反应

第四节　PET阻燃研究进展

20世纪60年代开始PET阻燃的研究。制备阻燃PET可以采用很多种方法，主要包括在制备聚酯的过程中加入反应型阻燃剂进行共聚阻燃、在注塑或熔融纺丝前向熔体中加入添加型阻燃剂的共混阻燃和对涤纶纺织品进行阻燃整理的后整理阻燃等[92]。随着用于PET阻燃的具有很好阻燃性能的十溴二苯醚和六溴环十二烷等由于环境问题而不断被限用及阻燃领域日趋无卤化要求，阻燃剂的无卤、无毒和环保已成为当前阻燃研究热门。含磷阻燃剂成为PET阻燃研究的一个重点方向，适用于PET阻燃的含磷阻燃剂主要包含无机磷系阻燃剂，有机磷系阻燃剂，如磷酸酯、膦酸酯、环状磷酸酯和DOPO衍生物等。无机含磷阻燃剂主要以共混的方式用于PET阻燃，环状磷酸酯常以后整理的方式用于涤纶阻燃，而DOPO衍生物阻燃剂共聚、共混和后整理的方式都有研究。

一、共聚阻燃

将阻燃单体在聚酯的合成阶段与合成聚酯单体进行共聚反应而得到阻燃聚酯[93]。国外已工业化的阻燃涤纶产品就是采用共聚阻燃的方法[94]。目前，含磷共聚阻燃涤纶商品主要有德国Trevira公司的Trevira CS，采用的阻燃剂是2-羧乙基（甲基）次膦酸；日本Toyobo公司的阻燃涤纶HEIM，采用的阻燃剂是由DOPO与衣康酸加成的产物。

Wang等[95]采用具有很好耐水解稳定性的双（4-羧基苯基）苯基氧化磷（BCPPO）作为反应单体与对苯二甲酸（TPA）和乙二醇（EG）共聚得到阻燃PET。得到的阻燃PET具有好的成纤性能、优异的阻燃性能、热稳定性及高玻璃化转变温度。当PET中含有5%的BCPPO时，其LOI为31.6%，好于常规含溴的添加型阻燃剂（十溴二苯醚DBPE）含量为6%时的阻燃性能。其研究表明含磷的阻燃剂与PET共聚获得的阻燃性能可优于常规含溴的阻燃剂。

Wu等[96]将2-羧乙基苯基次膦酸（CEPP）作为阻燃反应单体与TPA、EG进行共聚反应得到阻燃PET。加入不同含量的CEPP得到不同磷含量的PET共聚酯。当加入3%的CEPP时，磷含量为0.447%，PET的LOI从19.6%提高到30.2%。当加入8%的CEPP时，磷含量为1.225%，PET的LOI为38.6%。其研究表明含磷阻燃剂与PET共混时阻燃性能受磷含量的影响明显，磷含量越高阻燃性能越好。且CEPP的引入并未对PET的降解机理产生明显的影响。

Zhao等[97]比较了两种不同类型的含磷阻燃单体用于制备阻燃共聚酯的阻燃性能，分别在PET支链和主链上引入含磷基团。支链含磷基团的共聚酯由TPA、EG和9,10-二氢-10-［2,3-二（羟基羰基）丙基］-10-磷杂菲-10-氧化物（DDP）共聚反应得到，主链上含磷共聚酯由TPA、EG和2-羧乙基苯基次膦酸（CEPP）共聚反应得到。主链含磷基团的共聚酯的阻燃性能明显好于支链含磷基团的共聚酯，当磷含量为1.25%时，支链含磷共聚酯的LOI为30.5%，主链含磷共聚酯的LOI为38.6%。该研究表明含磷阻燃剂与PET共聚时，不同类型的含磷阻燃剂阻燃性能不同，且在PET主链上引入含磷基团，其阻燃性能优于引入支链阻燃基团。

DOPO用于PET阻燃早有研究，早期的研究以共聚阻燃为主，以日本学者的研究较多。最早的报道可见于日本东洋纺（Toyobo）公司1977年申请的德国专利[98]，主要是将DOPO系列化合物加入对苯二甲酸二甲酯（DMT）和EG中参与反应制备具有本质阻燃性能的聚酯纤维。1986年，日本专利报道了采用DOPO、对苯醌、环氧乙烷、TPA和EG制备具有本质阻燃性能的聚酯[99]。1993年，日本专利报道了采用TPA、EG、DOPO和衣康酸（ITA）

制备本质阻燃聚酯[100]，商品阻燃涤纶 HEIM 应源于此。

之后关于 DOPO 阻燃 PET 的研究相对较少，直至 1998 年，Wang 等[101]由 DOPO 和衣康酸二甲酯反应合成了 DOPO–DI（DOPO–衣康酸二甲酯）作为反应型的阻燃剂用于制备阻燃的 PET 纤维或膜材料等，DOPO 作为阻燃剂阻燃 PET 重新受到人们的重视。当磷含量达到 0.75% 时，PET 可以达到 UL–94 V–0 级，表明 DOPO 以共聚的方式用于 PET 阻燃，较低的磷含量就可赋予其优异的阻燃性能。

Chang 等[102]采用了三种不同的方法以 DOPO、ITA、TPA 和 EG 为原料，并以 H_2PtCl_6 作为催化剂，制备阻燃 PET。三种不同方法得到的共聚酯 LOI 都高于 33%，都具有较好的阻燃性能。其研究表明 DOPO 用于 PET 共聚阻燃时，DOPO 不论是与不饱和的多元羧酸一起加入还是先制得 DOPO 的羧酸衍生物再与合成 PET 的单体共聚均不会影响 PET 最终的阻燃性能。

DOPO 共聚阻燃 PET 相关的研究在国内较少，大连理工大学的吴宝庆等[103]由 HCA（9，10–二氢–9–氯–10–氧杂膦菲）、ITA、EG 反应制备 DOPO 系共聚阻燃剂，以及用该阻燃剂制备阻燃聚酯。所制得的聚酯阻燃性能优异，LOI 为 30%～32%，对其他性能基本无影响。表明 DOPO 的衣康酸衍生物用于 PET 的共聚阻燃不会影响共聚时的催化作用，且不会损害 PET 的物理化学性能。

早期对 DOPO 阻燃 PET 的研究以提高阻燃性能和减小对 PET 机械等性能的影响为主。2009 年，Balabanovich[104]等对在支链上含 DOPO 基团的共聚 PET 的热降解行为进行了研究，才开始 DOPO 类阻燃剂阻燃 PET 的阻燃机理研究。其研究表明 DOPO 基团并未影响 PET 的降解，但会分解形成邻苯基苯酚和二苯并呋喃，二苯并呋喃是 DOPO 脱去 PO· 后的产物，说明 DOPO 及其衍生物阻燃剂可形成 PO· 而发挥气相阻燃作用。

以上研究以及 Toyobo 公司的阻燃涤纶 HEIM 都表明 DOPO 以共聚方式用于 PET 阻燃可获得较好的阻燃性能。含 DOPO 基团的阻燃剂可形成含磷的自由基而发挥气相阻燃作用，DOPO 及其衍生物用于 PET 共聚阻燃，较低的磷含量就可获得优异的阻燃性能，且对 PET 的物理化学性能影响较小。PET 共聚阻燃虽然可以获得较持久的阻燃性，但共聚阻燃工艺较复杂且对阻燃剂的要求较高。

二、共混阻燃

采用阻燃剂与 PET 共混的方式也可得到阻燃 PET，但其缺点是与共聚法相比，阻燃耐久性要差。对添加型阻燃剂不仅要求其能够经受 PET 加工时的温度，而且需要与 PET 具有很好的相容性，不应对 PET 的机械性能造成明显影响[105]。

在 PET 共混阻燃研究中以无机磷系阻燃剂较多。红磷价格低廉，可用作 PET 共混型阻燃剂，单独使用阻燃效率较低，常与一些金属氧化物复配使用，提高其有效性。Laoutid 等[106]

研究采用红磷和金属氧化物 Fe_2O_3 及 MgO 结合以改善回收 PET 的阻燃性能，Fe_2O_3 和 MgO 作为红磷的协效剂。研究表明 MgO 与 PET 的酸性端基反应形成热稳定的残留，含有红磷与 Mg 和 Fe 的氧化物结合的 PET 会形成更多的炭。添加了 5% 红磷的 PET 会使 LOI 从不含红磷的 23% 提高到 35%，但是，添加红磷会降低其抗冲击性。添加 MgO 到红磷中，会加速 PET 燃烧过程中的降解，但有利于促进成炭，提高其热稳定性。Fe_2O_3 和红磷同样表现出协同效应，有利于提高红磷的有效性。

采用无机磷系添加型阻燃剂进行 PET 共混阻燃时存在的最大问题是阻燃剂用量大，对 PET 的机械性能影响大。有机磷系阻燃剂作为 PET 共混添加型阻燃剂也有相关的研究，包括利用含磷元素阻燃剂与其他阻燃元素的协同阻燃作用。Zhao 等[107]制备了含三种阻燃元素 P、N 和 S 的阻燃剂 FR。FR 由 2-羧乙基苯基次磷酸（CEPP）和 4-氨基苯磺酰胺（ASA）反应制得，反应式如图 1-5 所示。FR 用于玻纤增强的 PET（GF-PET）阻燃处理，当阻燃剂添加量为 15% 时，GF-PET 可达到 UL-94 V-0 级，其 LOI 为 27.6%。阻燃机理研究表明，其阻燃效应主要来自两方面的作用：一是阻燃剂催化 GF-PET 的起始降解形成低聚物和小分子物质，在较低的温度下，这些物质的熔融流动和挥发会吸收大量的热；二是阻燃剂中的氮元素形成不燃性气体在气相中稀释可燃性物质的浓度。

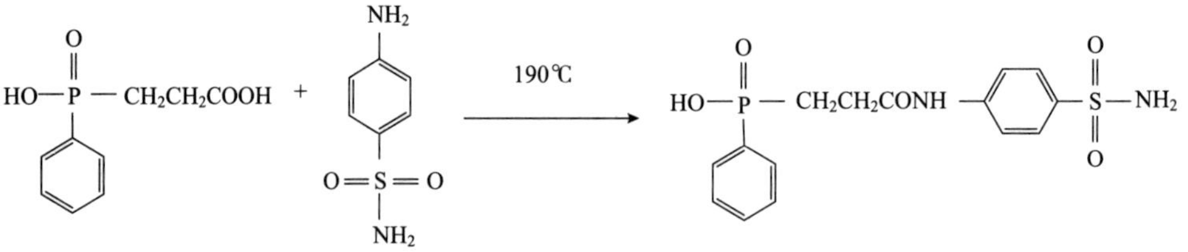

图 1-5　含 P、N 和 S 三种阻燃元素的新型阻燃剂 FR 的合成

也有研究将 DOPO 衍生物作为 PET 添加型阻燃剂。Deng 等[108]合成了含硫的 DOPO 衍生物（PDPTP）作为 PET 的共混阻燃剂。通过裂解色谱/质谱联用技术和锥形量热法等对 PDPTP 的阻燃行为进行研究，结果表明，在 PDPTP 作用下，聚酯燃烧过程产生的可燃性小分子化合物会大大减少，PTPDP 会抑制 PET 的降解，但是并不会改变其降解的机理。在 PET 中，当 PDPTP 的添加量为 10% 时，其可达到 UL-94 V-0 级，LOI 达到 47%。

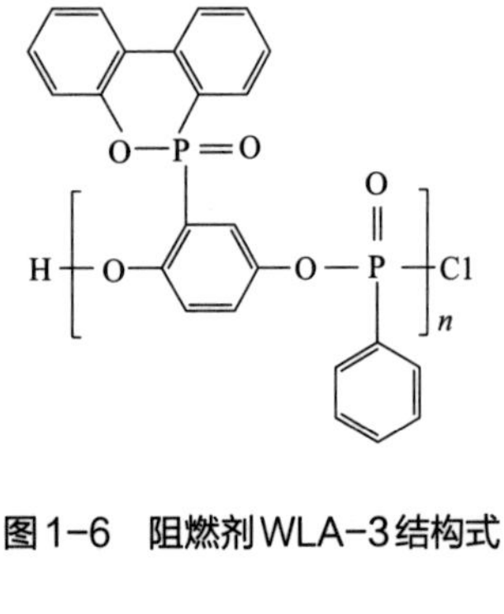

传统的低分子含磷阻燃剂用于 PET 共混阻燃会存在与基质相容性差、析出和降低其机械性能等缺点，因此，一些含 DOPO 的低聚物也被合成，并应用于 PET 共混阻燃整理。Chang 等[109]合成了一种 DOPO 低聚物 WLA-3，是一种在主链和侧链都含磷的低聚物，具有较高的磷含量，结构式如图 1-6 所示。当 WLA-3 含量为

图 1-6　阻燃剂 WLA-3 结构式

8%时，PET/WLA-3共混物可达到UL-94 V-0级，LOI为35.2%。

2012年，日本 Mitsubishi Plastics, Inc. 专利保护了一种制备添加型PET阻燃剂方法[110]，为DOPO、ITA和EG反应生成聚合物，结构式如图1-7所示。

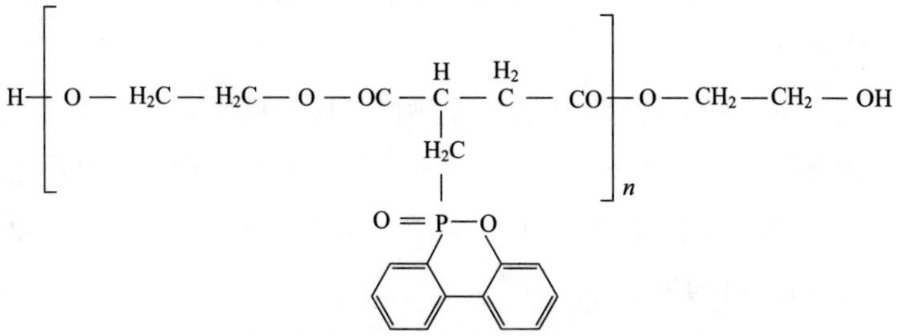

图1-7　添加型聚酯阻燃剂

Wang等[111-112]制备了含DOPO的热致液晶（TLCP）共聚酯［P-TLCP，图1-8（a）］，用于PET共混阻燃，在提高其阻燃性能的同时也使机械性能得到较好保留。在PET中加入8% P-TLCP可达到UL-94 V-0级，LOI可达到29.2%，其拉伸强力有所提高。但研究发现TLCP的熔融温度高达290℃以上，使其在低熔点的热塑性聚合物中很难成纤。因此，为了降低熔融温度和保持较好的阻燃性能，Wang等[113-114]研究合成了一系列具有较低熔融温度的含芳香醚的TLCP共聚酯，简称为TLCP-AEs［图1-8（b）］。得到的所有TLCP-AEs共混PET都具有很好的阻燃性能，均可达到UL-94 V-0级。

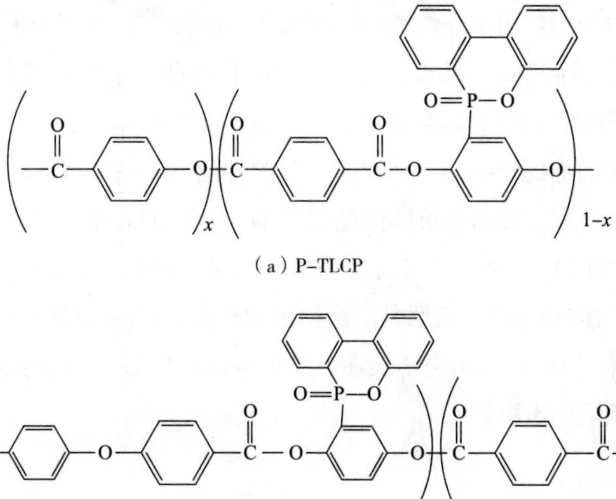

（a）P-TLCP

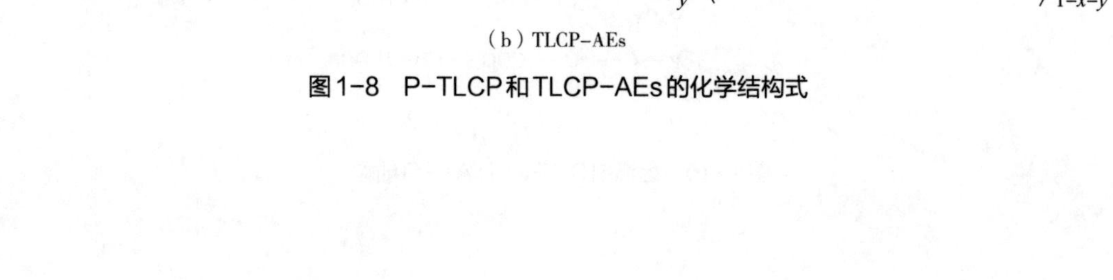

（b）TLCP-AEs

图1-8　P-TLCP和TLCP-AEs的化学结构式

三、后整理阻燃

涤纶的后整理阻燃具有工艺简单、适用面广、灵活适应市场等优点，存在的缺点是阻燃剂用量大、有的耐久性不佳等。但因其具有灵活简便的优点，后整理方法仍是目前获得阻燃涤纶的重要方法之一[115]。

用于涤纶后整理阻燃最重要的一类含磷阻燃剂是环状膦酸酯，可采用类似于分散染料染色的热熔法处理涤纶织物，市场上也有环状膦酸酯阻燃剂产品，以国外的产品为主，如美国Mobil公司的Antiblaze19T，以及后来Rhodia的Antiblaze1045和Amgard CU等[116-117]。环状膦酸酯的结构通式如图1-9所示。

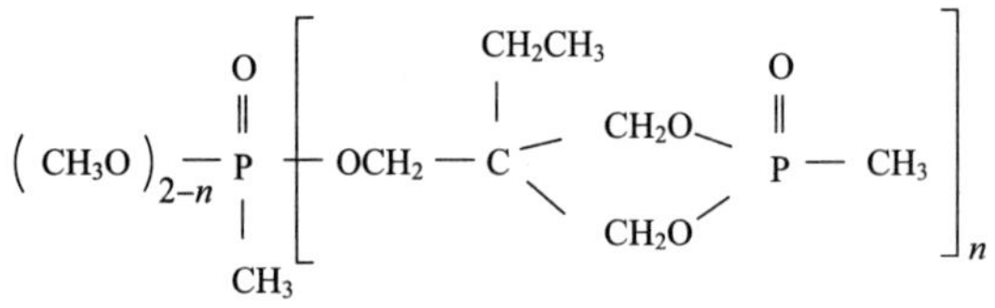

n为1或2

图1-9 环状膦酸酯的结构式

虽然环状膦酸酯阻燃整理涤纶织物可获得较好的阻燃性能，但存在阻燃剂用量大、耐久性较差问题[118]。

DOPO及其衍生物用于涤纶阻燃整理的国内外相关研究较少。2003年，日本的研究人员发表了关于DOPO衍生物用于涤纶织物阻燃整理的专利[119]，专利中报道了三种不同类型的DOPO衍生物，分别制备成分散液，可采用三种不同的后整理方法用于涤纶织物阻燃整理，整理后的涤纶织物具有优异的阻燃性能，且具有较好的耐洗性。

DOPO与衣康酸的加成产物用于PET共聚阻燃已证明可赋予PET优异的阻燃性能。黄年华等[120]基于此，合成了羟基有机膦酸酯阻燃剂DOPO-ITA-EG用于涤纶织物的阻燃整理，阻燃剂的结构如图1-10所示。其含量为160g/L时，LOI值达到33.5%，损毁长度小于10cm，续燃和阴燃时间均为0s，表明其对涤纶织物具有很好的阻燃性；且对整理后织物的断裂强力无明显影响。TG和FTIR分析表明，DOPO-ITA-EG无凝聚相阻燃作用，因此，主要基于DOPO的气相阻燃作用。

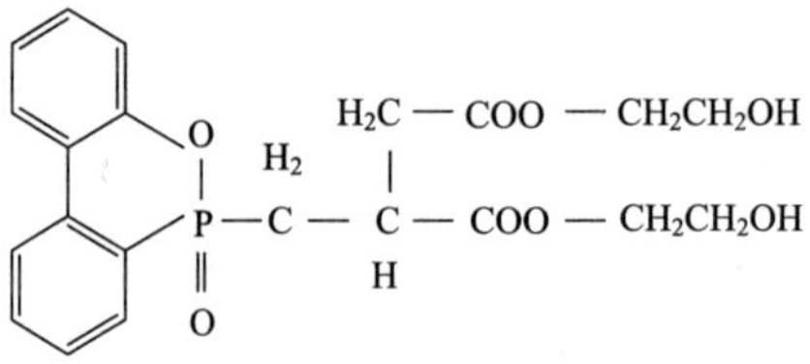

图1-10 阻燃剂DOPO-ITA-EG结构

上述有关阻燃PET的研究和工业品表明，DOPO及其衍生物采用共聚、共混和后整理等方式用于PET阻燃处理，都可赋予其优异的阻燃性能。PET阻燃在过去几十年主要基于含卤阻燃剂的气相阻燃作用。含溴阻燃剂通过形成含溴的自由基与聚合物燃烧过程中产生的·H和·OH反应而发挥气相阻燃作用。Horrcoks等[121]研究表明含磷阻燃剂若要替代含溴阻燃剂，则要求含磷阻燃剂产生的含磷挥发性组分能起到与含溴阻燃剂相类似的阻燃作用[122]。Day等[123]对Trevira CS的阻燃机理研究表明，所用的共聚阻燃剂2-羧乙基（甲基）次膦酸也主要以气相机理起作用，同时也存在部分凝聚相阻燃作用。以上对DOPO基阻燃剂的阻燃机理研究[69-70, 76, 104, 124-125]表明含DOPO基团的阻燃剂会释放含磷的自由基与聚合物燃烧过程中产生的·H和·OH反应而发挥气相阻燃作用，可起到与含溴阻燃剂相似的阻燃作用。因此，通过选用具有气相阻燃作用的DOPO类含磷阻燃剂代替含溴阻燃剂是一种很有效的途径。

四、PET抗熔滴阻燃

溴系阻燃剂一般不能提高PET抗熔滴性，有的还可促进熔滴，熔滴可带走部分热量而使材料表面温度降低而具有一定的阻燃性，某些含磷的阻燃剂也存在促进熔滴的现象。但是，熔滴会引燃周围的易燃物，若滴落到人体皮肤上会引发烫伤，带来二次伤害，因此，抑制熔滴是PET阻燃研究的另一个重要问题。通过降低熔体的流动性可减少熔滴，如将聚四氟乙烯粉末等添加到PET中以增加熔体的黏度抑制熔滴[126-127]。还有一个重要途径是在燃烧的过程中通过促进PET表面形成致密的炭层或膨胀炭层，起到阻隔作用，达到抗熔滴的作用，这也是目前研究比较多的[128-129, 132-133]。

Ban等[130]由硫代苯基磷酰二氯（PPTD）和4, 4'-二羟基对苯砜通过缩聚反应制得聚硫代苯基磷酸二苯砜酯（PSTPP），并用作PET的共混阻燃剂。PSTPP与PET进行共混阻燃，当PET中磷含量为2.5%时，其LOI可以达到29%，UL-94可达到V-0级，且无熔滴。

Feng等[131]研究了采用1-羟基亚乙基-1, 1二磷酸（HEDP）和氨基磺酸铵（AMS）用于涤纶织物的后整理阻燃。当HEDP和AMS含量为20%，两者之比为4∶3时，采用浸轧法整理后的涤纶织物的LOI为28%，无熔滴现象。HEDP和AMS的存在会明显促进涤纶形成膨胀炭层，表明它们组成了膨胀阻燃体系，而发挥很好的抗熔滴作用。

丁佩佩等[132]合成了膨胀型阻燃剂IFR-1，结构如图1-11所示。通过优化的阻燃整理工艺整理的涤纶织物阻燃性能好，LOI提高到28.5%，熔滴也得到明显改善。

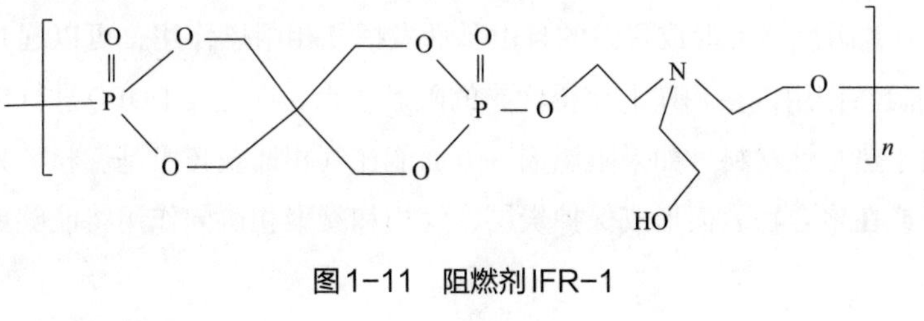

图1-11　阻燃剂IFR-1

季戊四醇为高含碳量的多羟基物质，常作为膨胀型阻燃体系的碳源，也常被用作具有很好成炭性能的磷酸酯类阻燃剂的合成组分。Chen 等[132]合成了一种基于季戊四醇的抗熔滴阻燃剂 PPPBP，如图 1-12 所示。采用不同浓度的 PPPBP 热熔法处理 PET 织物，整理后涤纶织物具有较好的阻燃性能和抗熔滴性能。阻燃机理研究表明 PPPBP 促进形成的炭是织物具有较好阻燃性能和抗熔滴的关键因素。

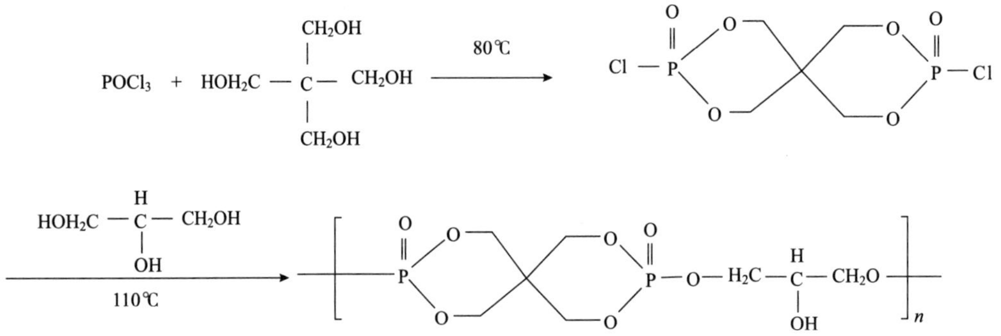

图 1-12　阻燃剂 PPPBP 的合成

第五节　研究内容

随着阻燃领域日趋无卤化，含磷阻燃剂在涤纶织物上的应用越来越受到人们的重视。当前应用于涤纶阻燃整理效果较好的一类含磷商品阻燃剂是环状膦酸酯类，如鲁道夫化工有限公司的阻燃剂 VOD-C 和上海雅运纺织化工有限公司的阻燃剂雅可风 FRN 等，该类阻燃剂常以浸轧热熔的方法用于涤纶阻燃整理。以往的含溴阻燃剂，往往能够以浸渍法处理涤纶织物，一般可与分散染料染色同浴进行[134]。涤纶阻燃整理若能与染色同浴进行，则能简化加工工艺、降低生产成本，但同浴处理时不应影响各自的性能。市场上也有一些可与分散染料同浴采用浸渍法整理涤纶的含磷商品阻燃剂，如日华化学有限公司的阻燃剂 HF-1120、和夏化学（太仓）有限公司的阻燃剂 PDF 以及上海银岛经贸有限公司的阻燃剂 JL-108F 等。但目前市场上的商品涤纶阻燃剂普遍存在价格高的问题，有的存在用量较大、耐久性差等问题。

基于 DOPO 基阻燃剂可形成含磷的自由基而发挥气相阻燃作用，可以起到与含溴阻燃剂相似的气相阻燃作用，在 PET 上获得优异的阻燃效果，而选用 DOPO 进行涤纶织物阻燃整理研究。对于热塑性材料，如果阻燃剂一方面能在气相捕获自由基燃料，另一方面能促进聚合物成炭或在聚合物表面形成保护炭层，气相和凝聚相协同作用将能够更高效地起阻燃作用，并减少熔滴的产生，因此，笔者利用DOPO的反应性与具有凝聚相阻燃的部分结合进行产生凝聚相阻燃作用的研究。主要研究DOPO及其衍生物以后整理的方式用于涤纶织物阻燃整理的阻燃效果和耐久性，同时，也对共混阻燃进行探讨。基于膨胀阻燃体系具有优异的促进成炭作用，以及兼具气相阻燃作用，采用层层自组装方法在涤纶织物上构建膨胀阻燃体系，研究对涤纶织物阻燃抗熔滴性能的影响。具体研究内容如下。

（1）研究DOPO以后整理的方式用于涤纶织物阻燃整理。优化DOPO分散液制备工艺，制得粒径为1~2μm的稳定的阻燃剂分散液，用浸渍法和热熔法分别处理涤纶织物，测定整理品的阻燃性能。DOPO分散液与分散染料同浴处理涤纶织物，研究其对分散染料染色性能的影响。与含溴的商品阻燃剂DFR进行性能比较，并对DOPO和DFR阻燃涤纶的阻燃机理进行研究。

（2）DOPO分子中含有活泼的P—H，与分散染料同浴处理时影响其染色性能。分别合成得到DOPO的羟甲基衍生物DOPO–CH$_2$OH和甲基衍生物DOPO–CH$_3$，用于涤纶织物阻燃整理和阻燃染色同浴处理，与DOPO进行比较。研究两者阻燃涤纶的阻燃机理。

（3）引入具有凝聚相阻燃作用的环三磷腈，DOPO–CH$_2$OH与六氯环三磷腈反应，得到含有磷杂菲和环磷腈两种阻燃功能片断的含磷杂菲的环磷腈衍生物六（磷杂菲–羟甲基）环三磷腈（DOPO–TPN）。DOPO–TPN以添加剂的方式用于PET塑料（简称PET）的共混阻燃处理，研究其对PET阻燃和热性能等的影响。将DOPO–TPN用于涤纶织物阻燃整理，并研究其与分散染料同浴处理的可行性。研究DOPO–TPN阻燃PET和涤纶织物的阻燃机理。

（4）DOPO–CH$_2$OH与具有很好成炭性能的2–氯–5，5–二甲基–2–氧–1，3，2–二氧磷杂环己烷（DOPC）反应合成含碳源的DOPO衍生物阻燃剂2–磷杂菲–羟甲基–5，5–二甲基–2–氧–1，3，2–二氧磷杂环己烷（DOPO–DOPC）。DOPO–DOPC以添加剂的方式用于PET的共混阻燃处理，研究其对PET阻燃和热性能等的影响。研究DOPO–DOPC用于涤纶织物阻燃整理，并研究其与分散染料同浴处理的可行性。对DOPO–DOPC阻燃PET和涤纶织物的机理进行研究。最后将DOPO及其衍生物与涤纶用商品磷系阻燃剂进行比较。

（5）采用聚磷酸铵（APP）为酸源与支化聚乙烯亚胺（BPEI）或壳聚糖等为碳源或气源构成膨胀阻燃体系（IFR），基于层层自组装方法在涤纶织物上构建膨胀阻燃涂层，研究对涤纶织物阻燃抗熔滴性能的影响。对经过BLBL组装PEI/APP或CH/APP处理的涤纶织物进行LOI和垂直燃烧性能测试，对涤纶织物的阻燃性能和抗熔滴性能进行测定，并对阻燃处理涤纶织物的阻燃机理进行研究。

参考文献

[1] 欧育湘,李建军,等. 阻燃剂——性能、制造及应用 [M]. 北京:化学工业出版社,2006.

[2] 王立春. 新型含磷阻燃剂的合成及无卤阻燃交联 EVA 复合材料的制备与性能研究 [D]. 上海:上海
交通大学,2011.

[3] WYLD O. British Patent 551. [P/OL]. 1735-3-17.

[4] LITTLE RW. Flameproofing textile fabrics [M]. New York : Reinhold Publishing Corporation,1947.

[5] 罗宇太. 溴代聚苯乙烯阻燃剂的合成与表征 [D]. 厦门:厦门大学,2009.

[6] 梁诚. 阻燃剂生产现状与发展趋势 [J]. 中国石油和化工,2003,17(9):22-26.

[7] 梁诚. 我国阻燃剂生产现状与发展趋势 [J]. 化工新型材料,2001, 23(8):5-11.

[8] 张小燕,卢其勇. 阻燃剂的生产状况及发展前景 [J]. 塑料工业,2011,39(4):1-5.

[9] 张军,纪奎江,夏延致. 聚合物燃烧与阻燃技术 [M]. 北京:化学工业出版社,2005.

[10] 杨明. 阻燃作用原理和塑料阻燃剂 [J]. 塑料助剂,2002,32(2):36-41.

[11] 宗小燕,贺江平. 纺织品的阻燃综述 [J]. 染整技术,2006,28(10)15-17.

[12] 欧育湘. 实用阻燃技术 [M]. 北京:化学工业出版社,2002.

[13] 张铁江. 常见阻燃剂的阻燃机理 [J]. 化学工程与装备,2009,38(10):114-115,83.

[14] 欧育湘. 阻燃剂 [M]. 北京:国防工业出版社,2009.

[15] KASPERSMA J, DOUMEN C, MUNRO S, et al. Fire retardant mechanism of aliphatic bromine compounds
in polystyrene and polypropylene [J]. Polymer Degradation Stability, 2002, 77(2):325-331.

[16] ZANETTI M, CAMINO G, CANAVESE D, et al. Fire retardant halogen antimony–clay synergism in
polypropylene layered silicate nanocomposites [J].Chemistry of Materials, 2002, 14(1):189-193.

[17] LEWIN M, WEIL E D. Mechanisms and modes of action in flame retardancy of polymers in fire retardant
materials [M]. vol. 2.Cambridge, England: Woodhead Publishing, 2001, 31-37.

[18] LUIJK R, GOVERS H A J, EIJKEL G B, et al. Thermal degradation characteristics of high impact
polystyrene/decabromodiphenylether/antimony oxide studied by derivative thermogravimetry and
temperature resolved pyrolysis—mass spectrometry: formation of polybrominated dibenzofurans, antimony
(oxy) bromides and brominated styrene oligomers [J]. Journal of Analytical and Applied Pyrolysis, 1991, 20:
303-319.

[19] DUMLER R, THOMA H. Thermal formation of polybrominated dibenzodioxins(PBDD) and dibenzofurans
(PBDF) from bromine containing flame retardants [J]. Chemosphere, 1989,191(6): 305-308.

[20] JOSEPH P, EBDON J R. Phosphorous–based flame retardants in fire retardancy of polymer materials [M].
2nd Edition. Boca Raton: CRC Press, 2009: 119-123.

[21] LEVCHIK S V, WEIL E D. Flame retardants in commercial use or in advanced development in

polycarbonates and polycarbonate blends [J]. Journal of Fire Sciences, 2006, 24(2): 137–151.

[22] DAVIS J. The technology of halogen–free flame retardant additives for polymeric systems [J]. Engineering Plastics, 1996,9(5): 403–419.

[23] LEVCHIK S V, WEIL E D. Flame retardancy of thermoplastic polyesters—a review of the recent(Literature) [J]. Polymer International, 2005, 54(1): 11–35.

[24] LAOUTID F, FERRY L, LOPEZ–CUESTA J M, et al. Red phosphorus/aluminium oxide compositions as flame retardants in recycled poly(ethylene terephthalate)[J]. Polymer Degradation and Stability, 2003, 82(2): 357–363.

[25] 欧育湘. 阻燃剂 [M]. 北京:化学工业出版社,2006:32–36.

[26] LYONS J W. The chemistry and uses of fire retardants [M]. New York: Wiely–Interscience, 1970:290.

[27] DUQUESNE S, LEFEBVRE J, SEELEY G, et al. Vinyl acetate/butyl acrylate copolymers: Part 2: Fire retardancy using phosphorus–containing additives and monomers [J]. Polymer Degradation and Stability, 2004, 85(2): 883–892.

[28] 何宽新. 有机磷系阻燃剂的作用机理及研究现状 [J]. 科技信息,2008(22):28.

[29] CAMINO G, COSTA L, MARTINASSO G. Intumescent fire–retardant systems [J]. Polymer Degradation and Stability, 1989, 23(4): 359–376.

[30] BOURBIGOT S, DUQUESNE S. Intumescence–based fire retardants in Fire Retardancy of Polymer Materials [M]. 2nd Edition. Boca Raton: CRC Press, 2009: 129–162.

[31] XIE F, WANG YZ, YANG B, et al. A novel intumescent flame–retardant polyethylene system [J]. Macromolecular Materials and Engineering, 2006, 291(3): 247–253.

[32] GU J, ZHANG G, DONG S, et al. Study on preparation and fire–retardant mechanism analysis of intumescent flame–retardant coatings [J]. Surface and Coatings Technology, 2007, 201(18): 7835–7841.

[33] 陈晓平,张胜,杨伟强,等. 膨胀阻燃体系概述 [J]. 中国塑料,2010(10):1–8.

[34] 张金凯,马丽,葛维娟,等. 膨胀型阻燃剂阻燃聚丙烯的研究进展 [J]. 材料导报,2015,29(5):68–72.

[35] LU S Y, HAMERTON I. Recent developments in the chemistry of halogen–free flame retardant polymers [J]. Progress in Polymer Science, 2002, 27(8): 1661–1712.

[36] LIU Y L, HSIUE G H, LAN C W, et al. Phosphorus–containing epoxy for flame retardance: IV. Kinetics and mechanism of thermal degradation [J]. Polymer Degradation and Stability, 1997, 56(3): 291–299.

[37] BANKS M, EBDON J R, JOHNSON M. Influence of covalently bound phosphorus–containing groups on the flammability of poly(vinyl alcohol), poly(ethylene–co–vinyl alcohol) and low–density polyethylene [J]. Polymer, 1993, 34(21): 4547–4556.

[38] LIN CH, CHANG SL, WEI TP, et al. One–pot synthesis of phosphinate–substituted bisphenol A and its alkaline–stable diglycidyl ether derivative [J]. Polymer Degradation and Stability, 2010, 95(7): 1167–1176.

[39] LIU H, XU K, AI H, et al. Preparation and characterization of phosphorus–containing mannich–type bases

as curing agents for epoxy resin [J]. Polymers for Advanced Technologies, 2009, 20(9): 753–758.

[40] JENG R J, SHAU S M, LIN J J, et al. Flame retardant epoxy polymers based on all phosphorus–containing components [J]. European Polymer Journal, 2002, 38(4): 683–689.

[41] GAO L P, WANG D Y, WANG Y Z, et al. A flame–retardant epoxy resin based on a reactive phosphorus– containing monomer of DODPP and its thermal and flame–retardant properties [J]. Polymer Degradation and Stability, 2008, 93(7):1308–1315.

[42] TACHITA V B, CORNELIU H. Aliphatic–aromatic copolyesters containing phosphorous cyclic bulky groups [J]. Polymer, 2009, 50(9):2220–2227.

[43] QIAN L J, ZHI J G, TONG B, et al. Synthesis and characterization of main–chain liquid crystalline copolyesters containing phosphaphenanthrene side–groups[J]. Polymer, 2009, 50(20):4813–4820.

[44] SAITO T, KOBE H. Biphenylylene phosphonochloridites[P]. DE 2034887.1972–1–20.

[45] KUO C M, WANG R H, BOGAN R T. Cyclic phosphonite–stabilized cellulose ester compositions[P]. US4137201(A). 1979–01–30.

[46] WANG C S, SHIEH J Y. Synthesis and properties of epoxy resins containing 2–(6–oxid–6H–dibenz (c, e) (1, 2) oxaphosphorin–6–yl)1,4–benzenediol[J]. Polymer, 1998, 39(23): 5819–5826.

[47] 钱立军. 磷杂菲 DOPO 及其化合物的制备与性能 [M]. 北京：化学工业出版社, 2010.

[48] CHRISTOPH K, LIN Z, DÖING M. DOPO–based flame retardants: synthesis and flame retardant efficiency in polymers [J].Materials China, 2013, 32(3):144–158.

[49] LEVCHIK S V, WEIL E D. Thermal decomposition, combustion and flame–retardancy of epoxy resins–a review of the recent literature [J]. Polymer International, 2004, 53(12): 1901–1929.

[50] WEIL E D, LEVCHIK S. A review of current flame retardant systems for epoxy resins [J]. Journal of Fire Sciences, 2004, 22(1): 25–40.

[51] LEVCHIK S, PIOTROWSKI A, WEIL E, et al. New developments in flame retardancy of epoxy resins[J]. Polymer Degradation and Stability, 2005, 88(1): 57–62.

[52] WANG C S. Phosphorus–containing dihydric phenol or naphthol–advanced epoxy resin or cured [P]. United States, 6291626B1, 2001–9–18.

[53] WANG C S, LEE M C. Synthesis and properties of epoxy resins containing 2–(6– oxid–6H–dibenz(c,e)(1,2) oxaphosphorin–6–yl) 1,4–benzenediol(II)[J]. Polymer, 2000, 41(10): 3631–3638.

[54] 王俊胜, 刘云, 王德义, 等. 一种新型阻燃剂的合成与性能 [J]. 阻燃材料与技术, 2007(5)：14–15.

[55] PEREZ R M, SANDLER JKW, ALTSTADT V, et al. Effect of DOP–based compounds on fire retardancy, thermal stability, and mechanical properties of DGEBA cured with 4, 4′–DDS [J]. Journal of Materials Science, 2006, 41(2): 341–353.

[56] PEREZ R M, SANDLER JKW, ALTSTADT V, et al. Effective halogen–free flame retardancy for a monocomponent polyfunctional epoxy using an oligomeric organophosphorus compound[J]. Journal of

Materials Science, 2006, 41(24): 8347–8351.

[57] ARTNER J, CIESIELSKI M, AHLMANN M, et al. A novel and effective synthetic approach to 9, 10–dihydro–9– oxa–10– phosphaphenanthrene–10–oxide(DOPO) derivatives [J]. Phosphorus, Sulfur Silicon Related Elements, 2007, 182(9): 2131–2148.

[58] LIN C H, WU C Y, WANG C S. Synthesis and properties of phosphorus–containing advanced epoxy resins II [J]. Journal of Applied Polymer Science, 2000, 78(1): 228–235.

[59] PEREZ R, SANDLER JKW, ALTSTADT V, et al. Novel phosphorus–containing hardeners with tailored chemical structures for epoxy resins: synthesis and cured resin propertie [J]. Journal of Applied Polymer Science, 2007, 105(5): 2744–2759.

[60] LIU Y L, HSIUE G H, CHIU Y S. Synthesis, characterization, thermal and flame retardant properties of phosphate–based epoxy resins [J]. Journal of Polymer Science Part A: Polymer Chemistry, 1997, 35(3): 565–574.

[61] SHIE J Y, WANG C S. Synthesis and properties of novel phosphorus–containing hardener for epoxy resins [J]. Journal of Applied Polymer Science, 2000, 78(9): 1636–1644.

[62] LEVCHIK S V, CAMINO G, LUDA M P, et al. Epoxy resins cured with aminophenyl methyl phosphine Oxide–II.Mechanism of thermal decomposition [J]. Polymer Degradation and Stability, 1998, 60(1):169–183.

[63] LEVCHIK S V, CAMINO G, COSTA L, et al. Mechanistic study of thermal behaviour and combustion performance of carbon fibre–epoxy resin composites fire retarded with a phosphorus–based curing system [J]. Polymer Degradation and Stability, 1996, 54(2–3): 317–322.

[64] JAIN P, CHOUDHARY V, VARMA I K. Effect of phosphorus content on thermal behaviour of diglycidyl ether of bisphenol–A/phosphorus containing amines [J]. Journal of Thermal Analysis and Calorimetry, 2002, 67(3): 761–772.

[65] LIU Y L. Flame–retardant epoxy resins from novel phosphorus–containing novolac [J].Polymer, 2001, 42 (8):3445–3454.

[66] LIU Y L. Epoxy resins from novel monomers with a bis–(9, 10–dihydro–9–oxa–10–oxide–10– phosphaphenanthrene–10–yl–) substituent [J]. Journal of Polymer Science Part A: Polymer Chemistry, 2002, 40(3): 359–368.

[67] LIN C H, CAI S X, LIN C H. Flame–retardant epoxy resins with high glass–transition temperatures. II. Using a novel hexafunctional curing agent: 9, 10–dihydro–9–oxa–10–phosphaphenanthrene–10–yl–tris (4–aminophenyl) methane [J]. Journal of Polymer Science: Part A: Polymer Chemistry, 2005, 43(23): 5971－5986.

[68] CHO C S, FU S C, CHEN L W, et al. Aryl phosphinate anhydride curing for flame retardant epoxy networks [J]. Polymer International, 1998, 47(2):203–209.

[69] SCHARTEL B, BALABANOVICH A I, BRAUN U, et al. Pyrolysis of epoxy resins and fire behavior of

epoxy resin composites flame-retarded with 9, 10-dihydro-9-oxa-10- phosphaphenanthrene-10- oxide additives [J]. Journal of Applied Polymer Science, 2007, 104(4): 2260-2269.

[70] QIAN X D, SONG L, JIANG S H, et al. Novel flame retardants containing 9,10-dihydro-9-oxa-10- phosphaphenanthrene-10-oxide and unsaturated bonds: synthesis, characterization, and application in the flame retardancy of epoxy acrylates [J]. Industrial & Engineering Chemistry Research 2013, 52(22):7307-7315.

[71] WANG C S, LIN C H. Synthesis and properties of phosphorus-containing PEN and PBN copolyesters [J]. Polymer, 1999, 40(3): 747-757.

[72] WANG C S, SHIEH J Y, SUN Y M. Phosphorus containing PET and PEN by direct esterification [J]. European Polymer Journal, 1999, 35(8): 1465-1472.

[73] 徐晓强, 武玉民, 宁志高, 等. 无卤阻燃 PBT 的制备与性能研究 [J]. 辽宁化工, 2015, 5: 505-508.

[74] WANG X, HU Y, SONG L, et al. Preparation, flame retardancy and thermal degradation of epoxy thermosets modified with phosphorous/nitrogen-containing glycidyl derivative [J]. Polymers for Advanced Technologies, 2012, 23(2): 190-197.

[75] XIONG Y Q, JIANG Z J, XIE Y Y, et al. Development of a DOPO- containing melamine epoxy hardeners and its thermal and flame-retardant properties of cured products [J]. Journal of Applied Polymer Science, 2012, 127(6): 4352-4358.

[76] QIAN L, YE L, QIU Y, et al. Thermal degradation behavior of the compound containing phosphaphenanthrene and phosphazene groups and its flame retardant mechanism on epoxy resin [J]. Polymer, 2011, 52(24): 5486-5493.

[77] DONG Q X, LIU M M, DING Y F, et al. Synergistic effect of DOPO immobilized silica nanoparticles in the intumescent flame retarded polypropylene composites [J]. Polymer Advanced Technologies, 2013, 24(8): 732-739.

[78] WANG X, HU Y, SONG L, et al. Thermal degradation behaviors of epoxy resin/POSS hybrids and phosphorus-silicon synergism of flame retardancy[J]. Journal of Polymer Science Part B: Polymer Physics, 2010, 48(6): 693-705.

[79] LIAO S H, LIU P L, HSIAO M C, et al. One-step reduction and functionalization of graphene oxide with phosphorus-based compound to produce flame-retardant epoxy nanocomposite[J]. Industrial & Engineering Chemistry Research, 2012, 51(12): 4573-4581.

[80] 李建军, 欧育湘. 阻燃理论 [M]. 北京:科学出版社, 2013:1-34.

[81] HILADO C J. Flammability handbook for plastics[M]. 5th Edition. Lancaster: Technomic Publishing Co. Inc., 2000:1-63.

[82] 邓义. 含磷阻燃剂对 PET 热降解的影响和阻燃机理研究 [D]. 成都:四川大学, 2005.

[83] CHANG P H, WILKIE C A. A mechanism for flame retardation of poly (ethylene terephthalate) [J]. Journal

of Applied Polymer Science, 1989, 38(12): 2245–2252.

[84] DAY M, PARFENOV V, WILES D M. Combustion and pyrolysis of poly ethylene terephthalate). III. The (effect of tris (2, 3–Dibromopropyl) phosphate on the products of pyrolysis [J]. Journal of Applied Polymer Science, 1982, 27(2): 575–589.

[85] YODA K, TSUBOI A, WADA M, et al. Network formation in poly(ethylene terephthalate) by thermooxidative degradation [J]. Journal of Applied Polymer Science, 1970, 14(9): 2357–2376.

[86] BEDNAS M E, DAY M, HO K, et al. Combustion and pyrolysis of poly (ethylene terephthalate). I . The role of flame retardants on products of pyrolysis [J]. Journal of Applied Polymer Science, 1981, 26(1): 277–289.

[87] COONEY J D, DAY M, WILES D M. Thermal degradation of poly (ethylene terephthalate): a kinetic analysis of thermogravimetric data [J]. Journal of Applied Polymer Science, 1983, 28(9): 2887–2902.

[88] VIJAYAKUMAR C T, PONNUSAMY E, BALAKRISHNAN T, et al. Thermal and pyrolysis studies of copolyesters [J]. Journal of Polymer Science: Polymer Chemistry Edition, 1982, 20(9): 2715–2725.

[89] CHANG P H, WILKIE C A. A mechanism for flame retardation of poly (ethylene terephthalate) [J]. Journal of Applied Polymer Science, 1989, 38(12): 2245–2252.

[90] EDGE M, ALLEN N S, WILES R, et al. Identification of luminescent species contributing to the yellowing of poly (ethylene terephthalate) on degradation [J]. Polymer, 1995, 36(2): 227–234.

[91] 江海红,周亨近,张辉. 纤维用 PET 的燃烧及阻燃机理研究 [J]. 北京化工大学学报,1998,25(4):47–53.

[92] LEVCHIK V S, WEIL D E. Review flame retardancy of thermoplastic polyesters–a review of the recent literature[J]. Polymer International 2005, 54(1): 1 1–35.

[93] 邵诗科. 阻燃涤纶纺丝技术 [J]. 合成纤维工业,2002,25(5):51–54.

[94] 张榕,朱新生,周舜华. 涤纶阻燃技术研究进展 [J]. 合成纤维,2006,35(8):9–12.

[95] WANG L S, WANG X L, YAN G L. Synthesis, characterisation and flame retardance behaviour of poly (ethylene terephthalate) copolymer containing triaryl phosphine oxide[J]. Polymer Degradation and Stability, 2000, 69(1): 127–130.

[96] WU B, WANG Y Z, WANG X L, et al. Kinetics of thermal oxidative degradation of phosphorus–containing flame retardant copolyesters[J]. Polymer Degradation and Stability, 2002, 76(3): 401–409.

[97] ZHAO H, WANG Y Z, WANG D Y, et al. Kinetics of thermal degradation of flame retardant copolyesters containing phosphorus linked pendent groups [J]. Polymer Degradation and Stability ,2003, 80(1): 135 – 140.

[98] ENDO S J. New phospphor–enthaltende verbindungen[P]. Germany, DE 2646218A1. 1977–04–28.

[99] IMAMURA T, MATSUMOTO T, ICHIHASHI E. Fire–resistant polyesters[P]. JP 61272229. 1986–12–02.

[100] ENDO S, MATSUOKA T, TANAKA I. Manufacture of fire–resistant polyesters[P]. JP 05178974. 1993–7–20.

[101] WANG C S, SHIEH J Y, SUN Y M. Synthesis and properties of phosphorus containing PET and PEN [J]. Journal of Applied Polymer Science, 1998, 70(10): 1959–1964.

[102] CHANG S J, CHANG F C. Synthesis and characterization of copolyesters containing the phosphorus

linking pendent groups [J]. Journal of Applied Polymer Science, 1999, 72(1): 109–122.

[103] 吴宝庆, 果学军, 吴茫. 涤纶磷系共聚阻燃剂及阻燃聚酯制备方法 [J]. 合成纤维工业, 2002, 25(6): 39–40.

[104] BALABANOVICH A I, POSPIECH D, HÄUβLER L, et al. Pyrolysis behavior of phosphorus polyesters[J]. Journal of Analytical and Applied Pyrolysis, 2009, 86(1) 99–107.

[105] WANG Y Z, CHEN X T, TANG X D, et al. A new approach for the simultaneous improvement of fire retardancy, tensile strength and melt dripping of poly (ethylene terephthalate) [J]. Journal of Materials Chemistry, 2003, 13(6): 1248–1249.

[106] LAOUTID F, FERRY L, CRESPY A, et al. Flame–retardant action of red phosphorus/magnesium oxide and red phosphorus/iron oxide compositions in recycled PET[J]. Fire and Materials, 2006, 30(5): 343–358.

[107] ZHAO C S, HUANG F L, XIONG W C, et al. A novel halogen–free flame retardant for glass–fiber–reinforced poly (ethylene terephthalate)[J]. Polymer Degradation and Stability, 2008, 93(8): 1188–1193.

[108] DENG Y, WANG Y Z, BAN D M, et al. Burning behavior and pyrolysis products of flame–retardant PET containing sulfur–containing aryl polyphosphonate[J]. Journal of Analytical Applied Pyrolysis, 2006, 76 (1–2): 198–202.

[109] CHANG Y L, WANG Y Z, BAN D M, et al. A novel phosphorus-containing polymer as a highly effective flame retardant [J]. Macromolecular Materials and Engineering, 2004, 289(8): 703–707.

[110] SAKAGAMI T, NOZAWA K. Polyester compositions containing 9, 10–dihydro–9–oxa–10–phosphaphenanthrene–10–oxide derivative fireproofing agents[P]. JP 2012251078. 2012–12–20.

[111] WANG Y Z, CHEN X T, TANG X D, Synthesis, characterization, and thermal properties of phosphorus–containing, wholly aromatic thermotropic copolyesters[J]. Journal of Applied Polymer Science, 2002, 86: 1278–1284.

[112] DU X H, WANG Y Z, CHEN X T, et al. Properties of phosphorus–containing thermotropic liquid crystal copolyester/poly (ethylene terephthalate) blends [J]. Polymer Degradation and Stability, 2005, 88: 52–6.

[113] BIAN X C, CHEN L, WANG J S, et al. A novel thermotropic liquid crystalline copolyester containing phosphorus and aromatic ether moity towards high flame retardancy and low mesophase temperature[J]. Journal of Polymer Science Part A: Polymer Chemistry, 2010, 48: 1182–1189.

[114] CHEN L, BIAN X C, YANG R, et al. PET in situ composites improved both flame retardancy and mechanical properties by phosphorus–containing thermotropic liquid crystalline copolyester with aromatic ether moiety [J]. Composites Science and Technology, 2012, 72(6): 649–655.

[115] 赵雪, 展义臻, 何瑾馨. 涤纶无卤阻燃研究进展 [J]. 染整技术, 2008, 30(12): 12–16.

[116] HORROCKS A R. Flame retardant challenges for textiles and fibres: new chemistry versus innovatory solutions [J]. Polymer Degradation and Stability, 2011, 96(3): 377–392.

[117] WEIL E D, LEVCHIK S V. Flame retardants in commercial use or development for textiles [J]. Journal of

Fire Sciences, 2008, 26(3): 243–281.

[118] 魏治国,缪卫东,林小琴,等. 磷氮阻燃剂在纺织物耐久阻燃整理中的应用 [J]. 江苏纺织,2006,1: 23–26.

[119] KINOSHITA H, MAKINO T, YAMASHITA T, et al. Flame retardant treating agents, flame retardant treating process and flame retardant treated fibers[P]. US Patent 7022267. 2006-4-4.

[120] 黄年华,张强. 涤纶织物的新型羟基有机磷酸酯阻燃整理 [J]. 印染,2007,33(17)9–12.

[121] HORROCKS A R, DAVIES P J, KANDOLA B K, et al. The potential for volatile phosphorus–containing flame retardants in textile back–coatings[J]. Journal of fire sciences, 2007, 25(6): 523–540.

[122] DAY M, HO K, SUPRUNCHUK T, et al. Flame retardant polyester fabrics–a scientific examination[J]. Canadian Textile Journal, 1982, 99(5): 39.

[123] DAY M, SUPRUNCHUK T, WILES D M. Combustion and pyrolysis of poly (ethylene terephthalate). II. A study of the gas–phase inhibition reactions of flame retardant systems[J]. Journal of Applied Polymer Science, 1981, 26(9): 3085–3098.

[124] CIESIELSKI M, DIESERICHS J, DÖRING M, et al. Fire and polymers V. Materials and concepts for fire retardancy[C]. ACS: Washington D C, 2009: 74–190.

[125] KLINKOWS C, ZANG L, DÖRING M. DOPO–based flame retardants: synthesis and flame retardant efficiency in polymers[J]. Mater China, 2013, 32(3): 144–58.

[126] 李昌垒,陈建勇,郭玉海,等. 涤纶纤维的抗熔滴性能研究 [J]. 浙江理工大学学报,2010,27(3): 368–371+ 392.

[127] GUIDO E, ALONGI J, COLLEONI C, et al. Thermal stability and flame retardancy of polyester fabrics sol–gel treated in the presence of boehmite nanopartices [J]. Polymer Degradation and Stability, 2013, 98: 1609–1616.

[128] 李家炜. 新型磷腈—硅阻燃体系制备及其对 PET 材料阻燃性能和机理研究 [D]. 上海:东华大学,2016.

[129] ZHAO H B, CHEN L, YANG J C, et al. A novel flame–retardant–free copolrster:cross–linking towarda self–extingusiing and non–dripping[J]. Journal of Materials Chemistry, 2012, 22: 19849–19857.

[130] BAN D M, WANG Y Z, YANG B, et al. A novel non–dripping oligomeric flame retardant for polyethylene terephthalate[J]. European Polymer Journal, 2004, 40(8): 1909–1913.

[131] FENG Q L, GU X Y, ZHANG S, et al. An antidripping flame retardant finishing for polyethylene terephthalate fabric [J]. Industrial Engineering Chemistry Research, 2012, 51(45): 14708–14713.

[132] 丁佩佩,张灯青,蔡再生. 膨胀型阻燃剂阻燃涤纶性能研究 [J]. 印染助剂,2010,27(8) :24–26,27.

[133] CHEN D Q, WANG Y Z, HU X Q, et al. Flame–retardant and anti–dripping effects of a novelchar–forming flame retardant for the treatment of poly (ethylene terephthalate) fabrics [J]. Polymer Degradation and Stability, 2005, 88(2): 349–356.

[134] 周翔,杨希鏻,陈柏军,等. 阻燃剂 DFR 在涤纶阻燃整理中的应用 [J]. 印染,1997(6) :23–25.

第二章

涤纶织物的 DOPO 阻燃整理

已有的关于DOPO阻燃PET及涤纶的研究，大多是将DOPO衍生物作为共聚单体或添加剂制备阻燃PET，这些研究表明DOPO衍生物可赋予PET优异的阻燃性能[1-3]。而将DOPO或其衍生物以后整理的方式用于涤纶织物阻燃鲜有报道，前已提及的2003年的一份欧洲专利公开了DOPO的甲基、羟甲基、苄基及含氮的衍生物等，具体结构如图2-1所示。将这些衍生物以分散液形式采用浸渍法或热熔法用于涤纶阻燃，所得到的整理品经5次干洗后，仍能通过JIS L1091阻燃性能测试[4]。本章基于DOPO作为阻燃剂可发挥与含溴阻燃剂相似的气相阻燃作用，尝试DOPO以后整理的方式用于涤纶织物阻燃，并与含溴商品阻燃剂DFR进行比较。

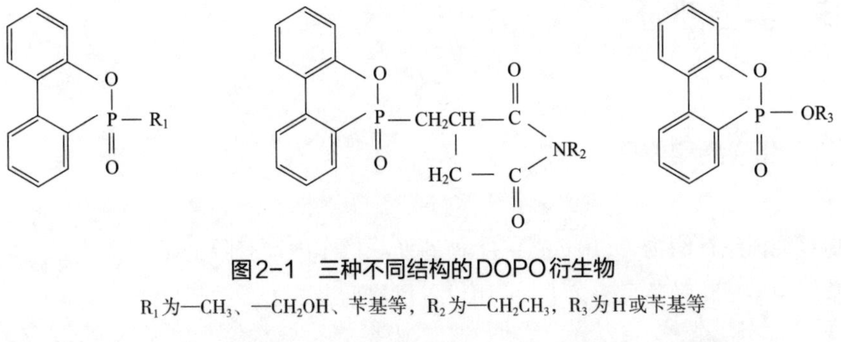

图2-1　三种不同结构的DOPO衍生物

R_1为—CH_3、—CH_2OH、苄基等，R_2为—CH_2CH_3，R_3为H或苄基等

涤纶的耐久阻燃整理工艺与分散染料染色相似。分散染料的溶解度很低，染色时主要以细小的颗粒分散在染液中，染料的结晶状态、晶粒大小和分散稳定性等都会影响其染色性能。因此，需要将分散染料滤饼与合适的助剂一起充分研磨制备成高度分散并能在水中稳定悬浮的商品染料。常用于涤纶分散染料染色的方法有提高染色温度至120~140℃高温高压条件下的浸渍法和干态纤维在180~220℃下高温固色的热熔法等[5-6]。浸渍法染

色，少量的分散染料在水中溶解成单分子，随染液流动在纤维表面吸附并扩散进入纤维内部，分散剂胶束中的染料会不断溶解、再吸附和扩散，直至达到染色平衡。热熔法染色，染料经浸轧而吸附在纤维上，在高温条件下，大分子链瞬间空穴增大，染料分子沿着这些空穴向纤维内部扩散，并固着在纤维上。分散染料的溶解度都不高，如溶解度过低，上染速率太慢；溶解度过大，会降低染料与纤维的亲和力，进而影响染色性能。同样地，用于涤纶阻燃的阻燃剂溶解度也不能过大，更严密地说，亲水性要适当小，否则不利于"上染"到涤纶纤维，进入涤纶纤维的阻燃剂在洗涤过程中也会随洗涤而流失，不具有耐久性。

　　阻燃剂的阻燃机理主要是基于自由基俘获的气相阻燃机理和促进聚合物成炭的凝聚相阻燃机理两种[7]。热降解是聚合物燃烧过程的第一阶段，燃烧过程持续的必要条件是分解产生的可燃物。通过研究阻燃处理前后聚合物热裂解的气相和凝聚相产物是探究阻燃机理的重要途径。对于热裂解过程中产生的气相降解产物的分析，目前采用较多的是裂解—气相色谱/质谱仪，通过分析热解气相产物的组成和含量的变化，对于含磷的阻燃剂分析在气相产物中是否存在含磷的组分，以判断阻燃剂是否发挥了气相阻燃作用[8-10]。而对阻燃整理前后聚合物凝聚相的研究，早期应用较广的是热分析，目前，红外光谱分析聚合物不同温度热裂解后的残留物有了较多应用，分析聚合物主要的红外特征吸收峰的变化以研究其热降解过程，并结合扫描电子显微镜对残留物的外观形貌的分析，以分析阻燃剂是否存在凝聚相阻燃作用[11-13]。

第一节　实验部分

一、材料、化学品和仪器

　　织物：纯涤纶针织物（110g/m²），上海新纺联汽车内饰有限公司。
　　实验所用主要化学品见表2-1，所用设备仪器见表2-2。

表2-1　主要化学品

药品名称	规格	生产厂家
DOPO	工业品	江阴市涵丰科技有限公司
分散剂	工业品	上海新力纺织化学品有限公司

续表

药品名称	规格	生产厂家
保护胶	工业品	上海新力纺织化学品有限公司
阻燃剂 DFR	工业品	上海新力纺织化学品有限公司
渗透剂 JFC	工业品	江苏省海安石油化工厂
分散红 60	工业品	上海安诺其集团股份有限公司
分散黄 54	工业品	上海安诺其集团股份有限公司
分散蓝 56	工业品	上海安诺其集团股份有限公司
氢氧化钠	化学纯	国药集团化学试剂有限公司
连二亚硫酸钠	化学纯	国药集团化学试剂有限公司
标准合成洗涤剂	纺织品试验专用	上海白猫专用化学品有限公司

所用三只分散染料的化学结构如下：

C.I. 分散红 60　　　$C_{20}H_{13}NO_4$　　　摩尔质量 331g/mol

C.I. 分散黄 54　　　$C_{18}H_{11}NO_3$　　　摩尔质量 289g/mol

C.I. 分散蓝 56　　　$C_{14}H_9BrN_2O_4$　　　摩尔质量 349g/mol

表2-2　主要实验设备仪器

仪器名称	型号	生产厂家
胶体磨	JM–L50	温州市龙心机械有限公司
高温油浴染色机	H–12F	台湾Rapid公司
洗衣机	3LWTW4840YW	［美国］Whirlpool公司
干衣机	3SWED4800YQ	［美国］Whirlpool公司
织物阻燃性能测试仪	YG（B）815D–I	温州市大荣纺织仪器有限公司
高温氧指数测试仪	FAA	［意大利］ATSFAAR公司
热重分析仪	TG 209F1	［德国］NETZSCH公司
激光粒度分析仪	LS13320	［美国］贝克曼库尔特公司
电脑测色配色仪	Datacolor 650	［美国］Datacolor公司
热裂解仪	PY–2020iD	［日本］Frontier公司
气质联用仪	QP2010	［日本］岛津公司
傅里叶变换红外光谱仪	Avatar 380	［美国］Thermo Electron公司
扫描电子显微镜	TM–1000	［日本］Hitachi公司
电感耦合等离子体原子发射仪	Prodigy	［美国］Leeman公司

二、阻燃剂分散液的制备

将DOPO加一定量分散剂和水采用胶体磨研磨成粒径为1~2μm的分散液，然后加入保护胶得到稳定的阻燃剂分散液。

三、涤纶织物阻燃或阻燃染色同浴处理

（一）阻燃处理

浸渍法：取阻燃剂分散液一定用量，浴比1：20；如无特别说明，以2℃/min的速率升温至135℃，保温60min。样品经皂煮，热水洗，冷水洗，晾干。

热熔法：取阻燃剂分散液一定用量用水稀释，织物二浸二轧（带液率80%左右），然后烘干（85℃，3min），再焙烘（200℃，1.5min）。样品后处理同浸渍法。

（二）阻燃染色同浴处理

浸渍法：取阻燃剂分散液和分散染料一定用量，浴比1：20；以1.5℃/min的速率升温至110℃，保温10min，以1℃/min的速率升温至130℃，保温60min。样品经还原清洗（氢氧化钠2g/L，连二亚硫酸钠2g/L，90℃处理20min）。样品后处理同（一）阻燃处理中的浸渍法。

四、整理品性能测试

（一）极限氧指数（LOI）

根据GB /T 5454—1997《纺织品 燃烧性能试验 氧指数法》测定。

（二）垂直燃烧性能

根据GB /T 5455—1997《纺织品 燃烧性能试验 垂直法》测定。

（三）K/S值和色差

染色织物 K/S 值（K/S 值表示颜色深度，K 表示被测物体的吸收系数，S 表示被测物体的散射系数）用Datacolor 650测色配色仪测定。同浴处理与单独染色间的色差 ΔE 取CMC（2：1）的色差值。

（四）阻燃效果耐洗性

用测定阻燃整理品洗涤前和5次洗涤后的极限氧指数和垂直燃烧性能来评价。织物洗涤参照AATCC 124《织物经重复家庭洗涤后的外观》的洗涤和烘干程序。

五、织物上磷含量测定

根据标准 JY/T 015—1996，涤纶织物先采用微波消解，然后用美国Leeman公司Prodigy型电感耦合等离子体原子发射仪测定。

六、热重分析（TGA）

测试条件：分别在氮气或空气气氛下，从室温升至600℃，升温速率10℃/min，气流速度20mL/min。

七、热裂解—气相色谱/质谱联用（Py-GC/MS）分析

通过热裂解—气相色谱/质谱联用仪（Py-GC/MS）对试样的裂解气相产物进行分析。裂解温度为600℃，裂解仪器为日本Frontier公司的PY-2020iD热裂解仪，载气为氦气，气体流速为30mL/min。色谱/质谱联用仪为日本岛津公司QP2010气质联用仪，所用色谱柱型号为HP DB-5MS（长度为30m，直径为0.25mm，膜厚为0.25μm），先在40℃保持3min，然后以15℃/min的速率升温至300℃，并保持10min。

八、涤纶热氧降解残留物FTIR分析

未处理和DOPO阻燃涤纶在马弗炉中空气气氛下以10℃/min的升温速率进行处理，收集升温至特定温度后的残留物，与KBr（按1∶150比例）一起研磨压片，用美国Thermo Electron公司Avatar 380型傅里叶变换红外光谱仪测定其FTIR光谱。

九、有关形貌的扫描电子显微镜（SEM）分析

未处理和阻燃整理后涤纶的外观形貌用日本Hitachi公司的TM-1000型扫描电子显微镜观察。同样用SEM观察织物在马弗炉中空气气氛600℃下处理10min后残炭的外观形貌。

第二节　结果与讨论

一、研磨工艺处方对DOPO阻燃涤纶性能的影响

依照储存稳定性好、能较好地提高涤纶阻燃性能且对整理品白度影响最小的目标，选用不同的工艺处方制备阻燃剂分散液，将制得的分散液用于涤纶织物阻燃整理。表2-3为三种工艺处方制备的DOPO分散液及其储存稳定性。

表2-3　三种不同的DOPO分散液制备工艺处方及所得储存稳定性

组分	含量/%		
	处方1	处方2	处方3
DOPO	20	20	40

组分	含量/%		
	处方1	处方2	处方3
分散剂	6	6	5
保护胶	20	—	4
水	54	74	51
分散液粒径/μm	1.15	1.10	1.28
储存稳定性	>6个月	<1天	>6个月

注 研磨时间都为4h。

表2-3中的分散剂含木质素磺酸钠，呈棕黑色。保护胶无色，主要成分是羟乙基纤维素。由表可知，三种处方制得的分散液粒径都在1~2μm，在DOPO分散液制备中加入保护胶可较好地改善分散液的储存稳定性。

将以上三种工艺处方制得的DOPO分散液分别采用本章第一节的浸渍法处理涤纶织物，处理温度为130℃，测定整理后涤纶的阻燃性能和白度，结果见表2-4。

表2-4 不同处方制得的DOPO分散液阻燃整理涤纶的LOI和白度

DOPO分散液浓度/DOPO有效浓度/（g·L^{-1}）			LOI/%	白度
处方1	处方2	处方3		
30/6	—	—	25.5	60
60/12	—	—	26.8	45
150/30	—	—	30.0	18
300/60	—	—	31.6	19
—	30/6	—	25.6	55
—	60/12	—	27.2	37
—	150/30	—	30.1	18
—	300/60	—	31.4	19
—	—	30/12	28.8	63
—	—	60/24	29.8	32
—	—	150/60	31.2	27
未处理			21.3	83

由表2-4中数据可知，使用不同处方的DOPO分散液，随着整理液中DOPO有效含量的增加，整理品的LOI随之提高。整理液中DOPO有效浓度为12g/L时涤纶试样LOI至少达到26.8%。在所取浓度范围，LOI达到的最高值为31.6%。整理品的白度受此阻燃整理影响明显，原因在于分散剂在织物上残留，大体上阻燃分散液中分散剂用量越大，阻燃处理时分散液用量越多，都使整理品的白度越低。整理品的LOI相近时，采用处方3制得的DOPO分散液整理的涤纶织物的白度值较高。结合表2-3中的储存稳定性，确定后续实验均采用处方3制备DOPO分散液，其他阻燃剂分散液也采用该处方的比例。至于白度的进一步改善，可尝试其他的分散剂或乳化剂。

二、DOPO分散液浸渍法阻燃整理涤纶织物的效果

选用30g/L、40g/L、50g/L和60g/L工艺处方3制备的DOPO分散液分别按浸渍法对涤纶织物进行阻燃处理，测定整理品5次洗涤前后的垂直燃烧性能和LOI，并与含溴商品阻燃剂DFR的涤纶整理品性能进行比较，见表2-5。

表2-5　DOPO与DFR阻燃整理品的垂直燃烧性能和LOI

| 阻燃剂 | 浓度/ (g·L⁻¹) | LOI/% | | 垂直燃烧性能 | | | | | |
| | | | | 损毁长度/cm | | 续燃时间/s | | 阴燃时间/s | |
		洗前	5次洗后	洗前	5次洗后	洗前	5次洗后	洗前	5次洗后
DOPO 分散液	30	28.2	29.2	11.0	11.2	0	0	0	0
	40	30.5	30.7	10.8	10.7	0	0	0	0
	50	31.3	31.7	10.2	10.3	0	0	0	0
	60	32.3	32.5	9.6	9.8	0	0	0	0
DFR	30	28.3	29.0	11.5	11.4	0	0	0	0
	40	29.5	30.2	10.7	10.7	0	0	0	0
	50	30.8	31.2	9.7	9.7	0	0	0	0
	60	32.0	32.3	8.8	8.6	0	0	0	0
未处理	—	21.1	—	14.0	—	17.5	—	0	—

由表2-5可知，DOPO分散液采用浸渍法整理涤纶织物能有效提高其阻燃性并具有好的耐洗涤性。随DOPO浓度的增加，整理品的LOI增加，损毁长度减小，且整理后的涤纶无续燃和阴燃；整理品经过5次洗涤后，LOI略有增加，耐洗性好。DOPO分散液整理品的LOI与含溴阻燃剂DFR相同浓度的整理品的LOI相近，垂直燃烧性能稍逊于DFR。因此，DOPO用于涤纶阻燃整理达到接近含溴阻燃剂的阻燃效果。

三、DOPO分散液热熔法阻燃整理涤纶织物的效果

将制得的DOPO分散液采用本章第一节的热熔法对涤纶织物阻燃整理，不同浓度的DOPO分散液整理品阻燃性能见表2-6。

表2-6　DOPO分散液热熔法处理涤纶织物的垂直燃烧性能和LOI

DOPO分散液浓度/ ($g \cdot L^{-1}$)	LOI/%	垂直燃烧性能		
		损毁长度/cm	续燃时间/s	阴燃时间/s
30	24.4	11.8	5.6	0
60	27.5	11.5	2.3	0
80	29.0	11.2	0	0
120	29.7	10.9	0	0
160	31.0	10.2	0	0
200	31.6	9.2	0	0
未处理	21.3	13.7	14.7	0

由表2-6数据可知，DOPO分散液采用热熔法同样可以赋予涤纶织物阻燃性能。随着DOPO分散液浓度的增加，整理品的LOI增大，损毁长度减小，当DOPO分散液浓度为200g/L时，整理品的LOI可以达到31.6%，损毁长度小于10cm。因此，DOPO分散液采用浸渍法和热熔法都可赋予涤纶织物良好的阻燃性能。

采用扫描电子显微镜对未处理涤纶和分别经DOPO分散液60g/L浸渍法、200g/L热熔法及DFR 60g/L浸渍法整理后的涤纶织物外观形貌进行观察，结果如图2-2所示。

由图2-2可知，DOPO分别采用浸渍法和热熔法整理后，涤纶织物表面与未处理相比无明显变化，阻燃剂未在涤纶织物表面聚集，说明DOPO与DFR相似，都进入涤纶纤维内部。

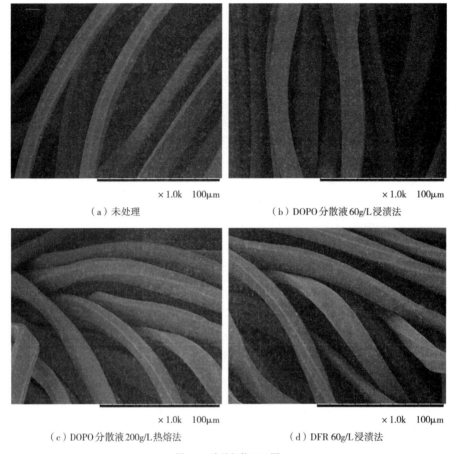

（a）未处理　　　　　　　　　　　　　　（b）DOPO分散液60g/L浸渍法

（c）DOPO分散液200g/L热熔法　　　　　　（d）DFR 60g/L浸渍法

图2-2　涤纶织物SEM图

四、DOPO阻燃整理工艺对涤纶阻燃效果的影响

研究不同工艺整理涤纶的阻燃性能和阻燃剂利用率，改变浸渍法的保温温度和时间及阻燃剂浓度，观察整理品的阻燃性能和阻燃剂利用率的变化。浸渍法阻燃剂利用率由整理后涤纶织物上的含磷量占加入整理浴中的含磷量的百分率表示，热熔法则由织物上的含磷量占浸轧到织物上的含磷量的百分率表示，结果见表2-7。

表2-7　温度和时间对DOPO整理品阻燃性能和阻燃剂利用率的影响

温度/℃	时间/h	DOPO分散液浓度/（g·L⁻¹）	LOI/%	垂直燃烧性能			织物磷含量/（mg·g⁻¹）	阻燃剂利用率/%
				损毁长度/cm	续燃时间/s	阴燃时间/s		
130	1	30	28.8	11.2	0	0	1.14	3.3
130	1	60	30.8	10.1	0	0	2.34	3.4

续表

温度/℃	时间/h	DOPO 分散液浓度/ (g·L⁻¹)	LOI/%	垂直燃烧性能			织物磷含量/ (mg·g⁻¹)	阻燃剂利用率/%
				损毁长度/cm	续燃时间/s	阴燃时间/s		
135	1	60	32.2	10.0	0	0	2.41	3.5
135	3	60	32.8	9.5	0	0	1.97	2.9
140	1	60	32.1	8.9	0	0	2.38	3.4
—	—	200ᵃ	31.6	9.2	0	0	2.13	26

注 a 热熔法整理。

由表 2-7 可知，浸渍法整理，DOPO 分散液浓度为 60g/L 时，最高 LOI 得自 135℃保温 3h，最短损毁长度对应 140℃保温 1h。最高磷含量则来自 135℃保温 1h 的样品。当织物上的磷含量在 2~2.4mg/g，整理品的 LOI 达到 31%以上，表明整理品在较低的磷含量下就具有好的阻燃性能，DOPO 用于涤纶阻燃整理，阻燃效率非常高。DOPO 分散液浓度为 60g/L 与 30g/L 时，以及不同温度、时间条件下，阻燃剂的利用率都很低，说明 DOPO 采用浸渍法处理涤纶时利用率相当低。采用热熔法整理时，阻燃剂的利用率相对较高，可以达到 26%，明显优于浸渍法，两者的差异与不同的"上染"机理有关。

五、DOPO 分散液与分散染料染色同浴处理

涤纶阻燃整理若能与染色同浴进行，则能简化加工工艺、降低生产成本。尝试将 DOPO 分散液与分散染料同浴处理涤纶织物，并与 DFR 进行比较。DOPO 分散液的浓度为 60g/L，DFR 浓度为 40g/L，结果见表 2-8。

表 2-8 DOPO 和 DFR 分别与分散料同浴处理涤纶织物的阻燃和染色性能

阻燃剂	分散染料 (2%，omf)	LOI/%	K/S值	ΔL	Δa	Δb	ΔE
DOPO 分散液	分散红 60	32.5	5.7	3.06	−6.60	1.15	2.84
	分散黄 54	32.0	17.5	−0.60	2.22	1.32	1.24
	分散蓝 56	31.5	9.4	6.86	−6.29	5.10	5.25
DFR	分散红 60	29.9	8.0	1.22	−0.49	−0.21	0.75
	分散黄 54	29.7	16.5	1.16	−0.73	−0.55	0.59
	分散蓝 56	28.8	13.2	1.13	−1.11	1.27	1.19

续表

阻燃剂	分散染料 （2%，omf）	LOI/%	K/S值	ΔL	Δa	Δb	ΔE
—	分散红60	22.6	8.9	—	—	—	—
	分散黄54	22.3	16.9	—	—	—	—
	分散蓝56	21.5	14.6	—	—	—	—
未处理	—	21.3	—	—	—	—	—

注 omf表示对织物重的百分数。ΔL为正数，表示偏白；ΔL为负数，表示偏黑。Δa为正数，表示偏红；Δa为负数，表示偏绿。Δb为正数，表示偏黄；Δb为负数，表示偏蓝。ΔE表示总色差的大小。

由表2-8可知，阻燃染色同浴处理除染料为分散蓝外所得织物的LOI不低于仅阻燃处理的涤纶织物的LOI（表2-5），但同浴处理影响分散染料的染色性能，尤其是DOPO对分散蓝影响最大，与单独染色涤纶织物比，色差大于5；对分散红影响次之，色差值为2.84。分散染料与含溴阻燃剂DFR同浴处理涤纶织物时，色差均明显低于DOPO同浴的。

DOPO对分散染料染色性能的影响可能与其分子结构中的P—H键有关，该键有较强活性[14-17]。由三种分散染料结构可知，分散红60和分散蓝56都含有氨基，DOPO中的P—H键可能会与氨基发生某些相互作用，从而影响染料的染色性能。分散黄54分子结构中不含氨基，同浴处理时受P—H影响较小，因此，色差较小。

六、阻燃整理涤纶热重分析

为了研究阻燃整理品的热稳定性能，测定DOPO本身和未处理及经DOPO分散液浓度60g/L或DFR浓度60g/L浸渍法阻燃处理的涤纶织物分别在氮气和空气气氛下的热失重，TG和DTG曲线如图2-3和图2-4所示，TG分析数据见表2-9和表2-10。

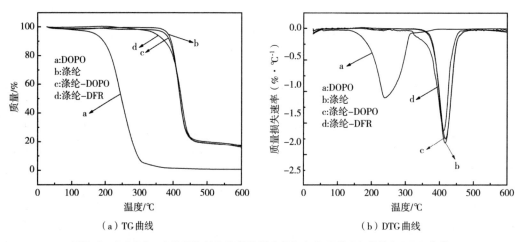

（a）TG曲线　（b）DTG曲线

图2-3　DOPO、未处理涤纶和阻燃涤纶在氮气气氛下的TG曲线和DTG曲线

表2-9 DOPO、未处理涤纶和阻燃涤纶在氮气气氛下的TG分析数据

试样	$T_{5\%}{}^a$/℃	$T_{max}{}^b$/℃	最大失重速率/ (%·℃$^{-1}$)	600℃残留物含量/ %
DOPO	206	252	1.10	0.81
涤纶	406	432	1.92	16.38
涤纶-DOPO	404	429	1.84	16.26
涤纶-DFR	393	427	1.70	17.07

注 a 表示失重 5% 对应的温度，即起始失重温度（℃）；b 表示最大失重速率温度（℃）。

由图2-3和表2-9可知，在氮气条件下DOPO有一次明显失重，其起始失重温度$T_{5\%}$为206℃，与文献报道[18]的DOPO在200℃开始分解相一致。未处理涤纶、DOPO阻燃涤纶和DFR阻燃涤纶也分别有一次明显失重。DOPO的最大失重速率温度T_{max}为252℃，比涤纶的T_{max}低180℃。DOPO阻燃涤纶的$T_{5\%}$和T_{max}比未处理涤纶织物略低，可能主要由阻燃剂的这两个温度低引起，且高于DFR整理品的对应温度。阻燃涤纶最大失重速率比未处理涤纶低，DFR整理品的失重速率又低于DOPO整理品。从600℃的残留物含量来看，DOPO阻燃整理未增加整理品残留物含量，而DFR对涤纶成炭略有促进作用。

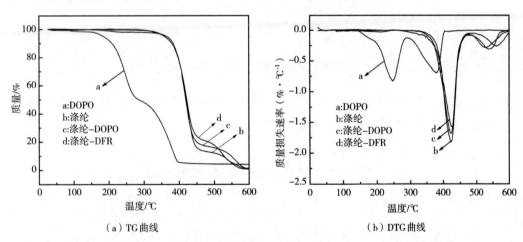

（a）TG曲线　　　　　　　　　　（b）DTG曲线

图2-4 DOPO、未处理涤纶和阻燃涤纶在空气气氛下的TG曲线和DTG曲线

表2-10 DOPO、未处理涤纶和阻燃涤纶在空气气氛下的TG分析数据

试样	$T_{5\%}$/℃	T_{max}/℃		最大失重速率/（%·℃$^{-1}$）		600℃残留物含量/ %
		失重1	失重2	失重1	失重2	
DOPO	219	249	358	0.84	0.68	3.95
涤纶	400	428	539	1.79	0.20	0.72

续表

试样	$T_{5\%}$/℃	T_{max}/℃		最大失重速率/（%·℃$^{-1}$）		600℃残留物含量/%
		失重1	失重2	失重1	失重2	
涤纶-DOPO	396	426	564	1.68	0.20	0.85
涤纶-DFR	390	427	537	1.57	0.28	1.26

由图2-4和表2-10可知，DOPO、未处理和阻燃涤纶在空气气氛下的热失重过程与在氮气气氛下有所不同，都有两个明显的失重阶段。第一阶段失重为热降解形成小分子物质和炭残留物，DOPO的第一失重阶段的T_{max}为249℃，比涤纶的第一失重阶段的T_{max}低179℃。阻燃涤纶的$T_{5\%}$和T_{max}比未处理涤纶略低，与在氮气气氛下的情况相似。第二阶段失重为第一阶段失重残留物不稳定部分的氧化降解。DOPO阻燃涤纶第二阶段的T_{max}比未处理涤纶的高25℃。两种阻燃涤纶的第一失重阶段的最大失重速率低于未处理，但第二失重阶段的失重速率影响不大。DOPO整理品600℃的残留物含量比未处理涤纶略有增加，不过DOPO本身的600℃残留物含量多于在氮气气氛下得到的。DFR整理品600℃的残留物含量为1.26%，高于未处理涤纶，因此，DFR对涤纶成炭略有促进作用。

七、阻燃机理研究

（一）阻燃涤纶热裂解—气相色谱/质谱联用（Py-GC/MS）测试

对未处理、经DOPO或DFR浸渍法阻燃整理的涤纶织物采用Py-GC/MS研究其在600℃热裂解的过程中产生的气相产物，结果见表2-11~表2-13。

表2-11 未处理涤纶织物裂解的气相产物

m/z	产物	时间/min	含量/%
44	CO_2	1.507	11.6
44	CH_3CHO	1.57	8.6
78	C_6H_6	2.644	7.98
148	$C_6H_5COOCH=CH_2$	10.13	7.27
154	$C_6H_5C_6H_5$	12.729	7.44
122	C_6H_5COOH	12.976	28.41
204	$CH_2=CHOCOC_6H_4COOCH=CH_2$	14.4	1.86

续表

m/z	产物	时间/min	含量/%
182	$C_6H_5COC_6H_5$	15.386	2.31
180	$C_6H_4COC_6H_4$	16.604	1.63
224	$C_6H_5C_6H_4COOCH{=}CH_2$	16.927	2.24
230	$C_6H_5C_6H_4C_6H_5$	17.06	2.2
210	$OHCC_6H_4C_6H_4CHO$	17.246	1.07
270	$C_6H_5COOCH_2CH_2OCOC_6H_5$	19.064	12.37
340	$C_6H_5COOCH_2CH_2OCOC_6H_4COOCH{=}CH_2$	21.978	1.25

表2-12 DOPO 阻燃涤纶织物裂解的气相产物

m/z	产物	时间/min	含量/%
44	CO_2	1.501	11.56
44	CH_3CHO	1.571	10.33
78	C_6H_6	2.73	2.43
148	$C_6H_5COOCH{=}CH_2$	10.351	9.93
122	C_6H_5COOH	11.963	39.7
154	$C_6H_5C_6H_5$	10.351	3.73
168	$C_6H_4CH_2C_6H_4$	13.207	0.38
204	$CH_2{=}CHOCOC_6H_4COOCH{=}CH_2$	14.326	4.71
168	$C_6H_4OC_6H_4$	16.625	0.79
224	$C_6H_5C_6H_4COOCH{=}CH_2$	16.935	1.39
230	$C_6H_5C_6H_4C_6H_5$	19.435	0.75
210	$OHCC_6H_4C_6H_4CHO$	17.249	1.25
270	$C_6H_5COOCH_2CH_2OCOC_6H_5$	19.079	6.73
174	$C_6H_5CH{=}CHCOOCH{=}CH_2$	20.725	1.48
340	$C_6H_5COOCH_2CH_2OCOC_6H_4COOCH{=}CH_2$	21.966	3.65

表2-13　DFR阻燃涤纶织物裂解的气相产物

m/z	产物	时间/min	含量/%
44	CO_2	1.686	6.44
44	CH_3CHO	1.787	3.04
78	C_6H_6	3.534	0.97
148	$C_6H_5COOCH=CH_2$	11.363	6.06
122	C_6H_5COOH	12.221	56.14
154	$C_6H_5C_6H_5$	13.24	5.02
162	$C_{12}H_{18}$（反，反，顺-1,5,9-环十二烷基三烯）	14.539	0.19
224	$C_6H_5C_6H_4COOCH=CH_2$	14.944	8.27
204	$CH_2=CHOCOC_6H_4COOCH=CH_2$	15.391	1.08
182	$C_6H_5COC_6H_5$	16.121	1.26
180	$C_6H_4COC_6H_4$	17.397	0.97
210	$OHCC_6H_4C_6H_4CHO$	17.878	1.59
270	$C_6H_5COOCH_2CH_2OCOC_6H_5$	19.643	7.0

　　如绪论所述，涤纶裂解的相关研究较多，主要的裂解机理分为无规断键机理、自由基机理和交联机理等。Bednas[19]认为涤纶裂解过程首先形成六元环的过渡态，六元环过渡态中的酯链接无规断裂形成羧酸和乙烯酯。羧酸则进一步降解生成对苯二甲酸和乙烯酯，对苯二甲酸进一步降解生成苯、苯甲酸和CO_2，乙烯酯进一步降解生成小分子物质，如羧酸、乙烯和乙醛等。Gullón[20]等的研究报道PET降解过程中生成的联苯、三联苯、萘、菲等是PET自由基降解过程生成的。表2-11和表2-12列出了未处理涤纶和DOPO阻燃涤纶的主要裂解产物。由表中数据可知，在相同的裂解条件下，未处理涤纶的主要裂解产物为CO_2、乙醛、苯、联苯和苯甲酸，相对含量分别为11.6%、8.6%、7.98%、7.44%和28.41%。经DOPO阻燃处理的涤纶织物裂解产物中，乙醛和苯甲酸的含量增加，分别为10.33%和39.7%，而联苯和苯的含量分别减少至3.73%和2.43%。气相产物中联苯含量的降低，表明DOPO可减缓涤纶自由基降解过程。

　　Balabanovich[21]等研究了DOPO衍生物阻燃聚合物裂解的气相产物，称在DOPO衍生物的气相裂解产物中会存在二苯并呋喃和邻苯基苯酚，DOPO脱去PO·后裂解生成二苯并呋喃，因此，二苯并呋喃是在气相中存在含磷组分的重要标志。表2-12显示在DOPO阻燃涤纶降解的气相产物中存在二苯并呋喃，表明在DOPO阻燃涤纶气相产物中存在含磷的自由基，如PO·和PO$_2$·。含磷的自由基可与涤纶燃烧过程中产生的·H和·OH反应，从而抑制燃烧的自由基链式反应。因此，结合热分析中阻燃涤纶残炭含量几乎不增加的现象，认为DOPO用于涤纶阻燃，主要通过气相机理起作用。

表2-13为含溴阻燃剂DFR阻燃涤纶织物600℃的气相裂解产物，五种主要裂解产物CO$_2$、乙醛、苯、联苯和苯甲酸的含量分别为6.44%、3.04%、0.97%、5.02%和56.14%，除了苯甲酸的含量比未处理的明显增加外，其余均减少。说明DFR可减缓涤纶的自由基降解反应。在DFR阻燃涤纶气相裂解产物中存在环十二烷基三烯，它是六溴环十二烷脱去溴之后的产物。已知六溴环十二烷阻燃涤纶存在明显的气相阻燃作用，其裂解产物中的含溴自由基可与涤纶基质发生脱氢反应生成HBr，HBr是捕捉·OH自由基的主要活性组分，使·OH自由基的含量降低，从而抑制引发燃烧的链式反应。

（二）阻燃涤纶热氧降解残留物的FTIR分析

用红外光谱进一步研究DOPO或DFR对涤纶是否存在凝聚相阻燃作用。未处理、DOPO和DFR阻燃处理的涤纶在马弗炉中以10℃/min速率升温，收集升温至特定温度后的残留物进行FTIR测试，FTIR谱图分别如图2-5~图2-7所示。

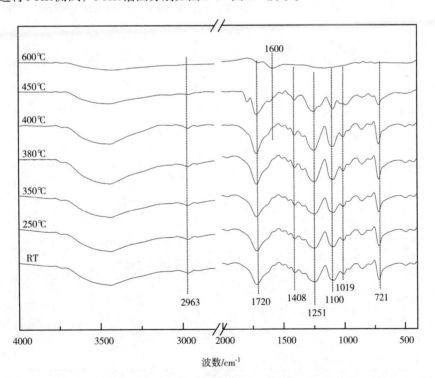

图2-5　未处理涤纶在马弗炉中升温至特定温度后残留物的FTIR谱图

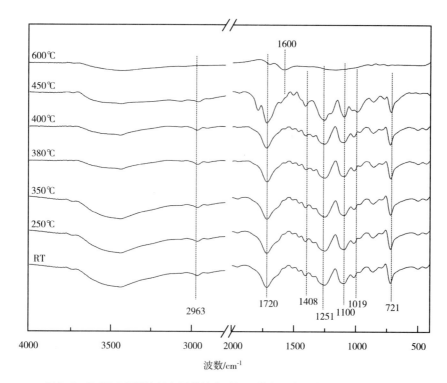

图2-6 DOPO阻燃涤纶在马弗炉中升温至特定温度后残留物的FTIR谱图

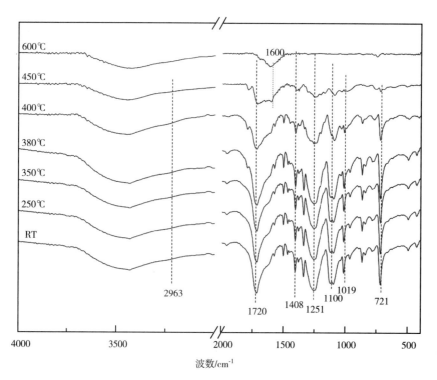

图2-7 DFR阻燃涤纶在马弗炉中升温至特定温度后残留物的FTIR谱图

如图2-5所示，未处理涤纶室温下存在2963cm^{-1}处C—H的伸缩振动吸收峰，1720cm^{-1}处为酯羰基C＝O的伸缩振动吸收峰，1251cm^{-1}和1100cm^{-1}处为—COOC—上的C—O伸缩振动吸收峰，1019cm^{-1}为苯环上的C—H面内弯曲振动吸收峰，721cm^{-1}为苯环上的C—H面外弯曲振动吸收峰。在处理温度400℃以下涤纶特征吸收峰吸收强度没有发生明显降低，当处理温度达到450℃时，由于涤纶长链中的酯键的断裂使其特征吸收峰吸收强度降低。当温度达到600℃时，涤纶特征吸收峰消失，出现了1600cm^{-1}处的吸收峰，此为残留物中芳环的C＝C振动吸收峰。图2-6中，DOPO阻燃涤纶与未处理涤纶的FTIR谱图相似，且在600℃处理后的DOPO阻燃涤纶残留物除了1600cm^{-1}处的C＝C吸收峰无其他特征吸收峰。因此，DOPO未对涤纶凝聚相的热氧降解过程产生明显影响。

图2-7为DFR阻燃涤纶在马弗炉中特定温度处理后的FTIR谱图，在处理温度380℃以下与未处理涤纶的FTIR图谱相似，当处理温度达到400℃时，DFR阻燃涤纶的特征吸收峰的吸收强度开始降低，且在450℃时，残留物开始出现1600cm^{-1}处芳环的C＝C吸收峰，表明涤纶已发生明显降解。因此，DFR的存在会促进涤纶的降解。Beach等[22]报道阻燃剂的凝聚相阻燃作用可通过两种方式实现，一种是促进聚合物成炭，炭层起到阻隔基体材料和燃烧火焰的作用，还有一种方式是在燃烧过程中促进聚合物降解和增加聚合物熔体流动。阻燃剂特别是含溴的阻燃剂分解产生的自由基与聚合物发生脱氢反应生成聚合物的自由基，聚合物自由基可继续与含溴自由基反应而终止自由基反应，或者发生β断裂而发生降解。据此分析，DFR的存在会促进涤纶按这一路径的降解，DFR对涤纶阻燃也包含凝聚相机理。

（三）阻燃涤纶残炭的炭层形貌

燃烧过程中形成的炭层对阻燃效果有一定的影响，炭层可隔绝热和外部的空气，因此，炭层的致密程度和完整性会影响阻燃效果。将未处理、DOPO和DFR浸渍法阻燃处理涤纶在马弗炉中空气气氛下600℃处理后，收集残炭，用SEM观察其炭层形貌，结果分别如图2-8~图2-10所示。

由图2-8可看出，未处理涤纶残炭表面为膨松多孔的炭层，不能很好地隔绝热和外部的空气。图2-9中DOPO阻燃涤纶的残炭形貌与未处理涤纶织物相近，膨松多孔，DOPO未使涤纶的残炭形貌发生明显改变。图2-10中，DFR阻燃涤纶的残炭形貌与未处理涤纶织物比较裂缝减少，孔变大，可能是由于聚合物熔体的流动性增大而平整度提高，这也与抗熔滴性差有关。

×300　300μm

图2-8　未处理涤纶织物马弗炉600℃处理后残留物SEM图

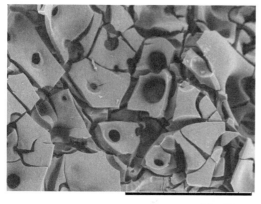

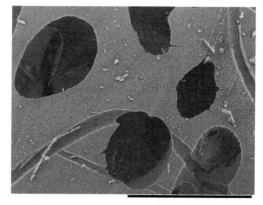

图2-9　DOPO阻燃涤纶织物马弗炉600℃处理后
残留物SEM图

图2-10　DFR阻燃涤纶织物马弗炉600℃处理后
残留物SEM图

　　因此，由Py–GC/MS、FTIR和SEM分析，并结合TGA分析结果，可以得出DOPO用于涤纶织物阻燃整理主要通过气相机理起作用，无明显的凝聚相作用的结论。溴系的DFR阻燃涤纶同时存在气相和凝聚相阻燃作用。

本章小结

　　本章研究DOPO阻燃整理涤纶织物。采用胶体磨将DOPO制备成分散液，采用浸渍法和热熔法两种方法对涤纶织物进行阻燃整理。研究了其与分散染料同浴处理时，涤纶的阻燃和染色性能，并与含溴商品阻燃剂DFR进行比较。采用热重分析研究了阻燃整理前后涤纶的热稳定性，并采用Py–GC/MS和FTIR对DOPO和DFR阻燃机理进行了研究，采用SEM分析了阻燃整理前后涤纶残炭的外观形貌。得出以下结论。

　　（1）采用DOPO 40%、分散剂5%和一定量的水的处方研磨4h制得DOPO分散液，再加入保护胶4%可得到具有良好分散稳定性的阻燃剂分散液，用于涤纶织物阻燃整理，对其白度影响较小。60g/L DOPO分散液采用浸渍法整理涤纶织物，整理品的LOI可达到32%以上，垂直燃烧性能得到明显提高，与含溴阻燃剂DFR整理品的LOI相近，垂直燃烧损毁长度略长，阻燃性能达到接近DFR的水平。若采用热熔法整理，DOPO分散液浓度在200g/L时达到与60g/L浸渍法整理品相近的LOI。整理后的涤纶都具有很好的耐洗性能，经5次洗后LOI均略有增加，垂直燃烧性能无变化。因此，选择可发挥与含溴阻燃剂相似的气相阻燃作用的DOPO以后整理的方式阻燃整理涤纶是可行的。DOPO用于涤纶织物阻燃整理具有非常高的阻燃效率，较低的磷含量就可赋予涤纶织物优异的阻燃性能。但DOPO分散液采用浸渍法处理涤纶织物时存在阻燃剂利用率低的问题，提高处理温度和延长时间未能改善。热熔法整理时，阻燃剂的利用率明显高于浸渍法，可达到26%。

（2）DOPO分散液与分散染料同浴处理涤纶织物时，对分散染料染色性能的影响比较明显，而DFR对染色性能的影响小得多，这可能与DOPO分子结构中的P—H有关。

（3）TGA结果表明，DOPO 对涤纶织物的热稳定性影响极小。在空气和氮气气氛下，DOPO整理品的残留物含量与未处理涤纶相比都无明显增加，说明DOPO不能促进涤纶织物成炭。同时，发现DFR阻燃涤纶织物残留物含量略高于未处理涤纶，DFR对涤纶成炭略有促进作用。

（4）DOPO阻燃涤纶Py-GC/MS分析结果表明，DOPO的存在会抑制联苯的形成，说明DOPO会减缓涤纶自由基降解反应；裂解产物中存在二苯并呋喃，表明DOPO裂解过程中有含磷的自由基，如PO·和PO$_2$·，会淬灭涤纶燃烧过程中产生的·H和·OH自由基，抑制燃烧的自由基链式反应。DFR阻燃涤纶气相裂解产物中存在六溴环十二烷脱去溴之后的产物环十二烷基三烯，已知六溴环十二烷存在明显的气相阻燃作用。发现DFR也可减缓涤纶的自由基降解反应。不同温度处理后残留物FTIR测试结果表明，DOPO未对涤纶热氧降解过程中的凝聚相产生明显的影响，但DFR会促进涤纶按脱氢、β断裂路径降解，存在一定的凝聚相阻燃作用。残炭SEM分析佐证了上述判断。

参考文献

[1] CHANG S J, CHANG F C. Synthesis and characterization of copolyesters containing the phosphorus linking pendent groups [J]. Journal of Applied Polymer Science, 1999, 72(1): 109 - 122.

[2] QIAN L, ZHI J, TONG B, et al. Synthesis and characterization of main-chain liquid crystalline copolyesters containing phosphaphenanthrene side-groups[J]. Polymer, 2009, 50(20): 4813-4820.

[3] WANG Y Z, CHEN X T, TANG X D. Synthesis, characterization, and thermal properties of phosphorus-containing, wholly aromatic thermotropic copolyesters[J]. Journal of Applied Polymer science, 2002, 86(5): 1278-1284.

[4] KINOSHITA H, MAKINO T, YAMASHITA T, et al. Flame retardant treating agents, flame retardant treating process and flame retardant treated fibers[P]. EP 1279719A1. 2003-3-13.

[5] 王菊生. 染整工艺学原理：第三分册 [M]. 北京：中国纺织出版社，1997.

[6] 赵涛. 染整工艺学教程：第二分册 [M]. 北京：中国纺织出版社，2005.

[7] MA Y, WANG B, HU G. The current study on flame retardants and their flame retardant mechanism[J]. Materials Review, 2006: S1.

[8] WANG P, YANG F, LI L, et al. Flame retardancy and mechanical properties of epoxy thermosets modified with a novel DOPO-based oligomer[J]. Polymer Degradation and Stability, 2016, 129: 156–167.

[9] QIU Y, QIAN L, XI W. Flame-retardant effect of a novel phosphaphenanthrene/triazine-trione bi-group compound on an epoxy thermoset and its pyrolysis behaviour[J]. RSC Advances, 2016, 6(61): 56018–56027.

[10] QIAN L, QIU Y, WANG J, et al. High-performance flame retardancy by char-cage hindering and free radical quenching effects in epoxy thermosets[J]. Polymer, 2015, 68: 262–269.

[11] WANG P, YANG F, LI L, et al. Flame-retardant properties and mechanisms of epoxy thermosets modified with two phosphorus-containing phenolic amines[J]. Journal of Applied Polymer Science, 2016, 133(37).

[12] LI J, PAN F, XU H, et al. The flame-retardancy and anti-dripping properties of novel poly(ethylene terephthalate)/cyclotriphosphazene/silicone composites[J]. Polymer Degradation and Stability, 2014, 110: 268–277.

[13] LI J, PAN F, ZENG X, et al. The flame-retardant properties and mechanisms of poly(ethylene terephthalate)/hexakis(para-allyloxyphenoxy) cyclotriphosphazene systems[J]. Journal of Applied Polymer Science, 2015, 132(44).

[14] 钱立军. 磷杂菲 DOPO 及其化合物的制备与性能 [M]. 北京: 化学工业出版社, 2010.

[15] XIE M, ZHANG S, DING Y, et al. Synthesis of a heat-resistant DOPO derivative and its application as flame-retardant in engineering plastics[J]. Journal of Applied Polymer Science, 2017.

[16] ZHANG Y, YU B, WANG B, et al. Highly effective PP synergy of a novel DOPO-based flame retardant for epoxy resin [J]. Industrial & Engineering Chemistry Research, 2017.

[17] WU B, KONG W, HU K, et al. Synergistic effect of phosphorus-containing silane coupling agent with alumina trihydrate in ethylene-vinyl acetate composites[J]. Advances in Polymer Technology, 2017.

[18] CHANG T C, WU K H, WU T R, et al. Thermogravimetric analysis study of a cyclic organo-phosphorus compound [J]. Phosphorus, Sulfur, and Silicon and the Related Elements, 1998, 139(1): 45–55.

[19] BEDNAS M E, DAY M, HO K, et al. Combustion and pyrolysis of poly(ethylene terephthalate). I. The role of flame retardants on products of pyrolysis[J]. Journal of Applied Polymer Science, 1981, 26(1): 277–289.

[20] MARTIN-Gullon I, ESPERANZA M, FONT R . Kinetic model for the pyrolysis and combustion of poly-(ethylene terephthalate) (PET)[J]. Journal of Analytical and Applied Pyrolysis, 2001, 58:635–650.

[21] BALABANOVICH A I, POSPIECH D, HÄUβLER L, et al., Pyrolysis behavior of phosphorus polyesters[J]. Journal of Analytical and Applied Pyrolysis, 2009, 86(1)99–107.

[22] BEACH M W, RONDAN N G, FROESE R D, et al. Studies of degradation enhancement of polystyrene by flame retardant additives[J]. Polymer Degradation and Stability, 2008, 93(9): 1664–1673.

第三章

DOPO 衍生物的合成及用于涤纶阻燃整理

在第二章中研究了将DOPO用于涤纶织物阻燃整理，所得整理品的阻燃性能达到接近含溴阻燃剂DFR的水平。DOPO阻燃整理涤纶织物显示了高效的阻燃性，因此，选择可发挥与含溴阻燃剂相似的气相阻燃作用的DOPO以后整理的方式阻燃整理涤纶是可行的。但DOPO采用浸渍法整理时存在阻燃剂利用率低的问题，且可能由于较强活性的P—H键，与分散染料染色同浴处理涤纶织物时，对染色性能影响较大。为了避免可能由于P—H键的存在对分散染料染色性能的影响，本章合成DOPO的羟甲基化衍生物DOPO-CH₂OH，研究将DOPO-CH₂OH用于涤纶阻燃整理，及与分散染料染色同浴处理的可行性。

阻燃剂进入涤纶纤维的量在一定程度上受阻燃剂极性的影响[1-2]。Chang等[3]研究了阻燃剂的经验极性参数E_T（30）与阻燃剂从水中迁移进入涤纶纤维的能力之间的关系，发现涤纶的极性参数E_T（30）较小；一定范围内阻燃剂的极性E_T（30）越小，阻燃剂从水中进入涤纶纤维的标准吉布斯自由能ΔG也越小。DOPO-CH₂OH的E_T（30）较大，与涤纶的亲和力较低，因而会影响其进入涤纶纤维的量。相对于DOPO-CH₂OH，DOPO-CH₃的极性较小，从这点出发，合成DOPO-CH₃，试验用于涤纶阻燃整理。最后，对DOPO-CH₂OH和DOPO-CH₃阻燃涤纶的阻燃机理进行研究。上述DOPO-CH₂OH和DOPO-CH₃的合成方法可分别参考有关文献。

第一节　实验部分

一、材料、化学品和仪器

织物：纯涤纶针织物（110g/m²），购自上海新纺联汽车内饰有限公司。

实验所用主要化学品见表3-1，所用设备和仪器见表3-2。

表3-1　主要化学品

药品名称	规格	生产厂家
DOPO	工业品	江阴市涵丰科技有限公司
分散剂	工业品	上海新力纺织化学品有限公司
保护胶	工业品	上海新力纺织化学品有限公司
37%甲醛水溶液	化学纯	国药集团化学试剂有限公司
乙醇	化学纯	上海云丽经贸有限公司
甲醇	化学纯	上海云丽经贸有限公司
丙酮	化学纯	上海云丽经贸有限公司
浓盐酸	分析纯	平湖化工试剂厂
对甲苯磺酸甲酯	化学纯	国药集团化学试剂有限公司
原甲酸三甲酯	化学纯	梯希爱（上海）化成工业发展有限公司
渗透剂JFC	工业品	江苏省海安石油化工厂
分散红60	工业品	上海安诺其集团股份有限公司
分散黄54	工业品	上海安诺其集团股份有限公司
分散蓝56	工业品	上海安诺其集团股份有限公司
氢氧化钠	化学纯	国药集团化学试剂有限公司
连二亚硫酸钠	化学纯	国药集团化学试剂有限公司
标准合成洗涤剂	纺织品试验专用	上海白猫专用化学品有限公司

表3-2　主要设备和仪器

仪器名称	型号	生产厂家
球磨机	QM3SP2	南京南大仪器有限公司
高温油浴染色机	H-12F	台湾Rapid公司
洗衣机	3LWTW4840YW	[美国]Whirlpool公司
干衣机	3SWED4800YQ	[美国]Whirlpool公司
织物阻燃性能测试仪	YG（B）815D-I	温州市大荣纺织仪器有限公司
高温氧指数测试仪	FAA	[意大利]ATSFAAR公司
热重分析仪	TG 209F1	[德国]NETZSCH公司
激光粒度分析仪	LS13320	[美国]贝克曼库尔特公司
电脑测色配色仪	Datacolor 650	[美国]Datacolor公司
热裂解仪	PY-2020iD	[日本]Frontier公司
气质联用仪	QP2010	[日本]岛津公司
傅里叶变换红外光谱仪	Avatar 380	[美国]Thermo Electron公司
扫描电子显微镜	TM-1000	[日本]Hitachi公司
核磁共振仪	AV400	[德国]Bruker公司
元素分析仪	Vario EL Ⅲ	[德国]Elmentar公司
电感耦合等离子体原子发射仪	Prodigy	[美国]Leeman公司

二、DOPO-CH$_2$OH合成

DOPO-CH$_2$OH由DOPO和甲醛加成反应合成，反应式如图3-1所示。将216g（1mol）DOPO与600mL乙醇加入装有搅拌器、回流冷凝管、加液漏斗以及温度计的烧瓶中，反应混合物加热至70℃，逐滴加入浓度为37%的甲醛水溶液90g并不断搅拌。然后加热至80℃，继续反应6h，冷却后抽滤，烘干得到固体产物[4-5]，产率为80%。

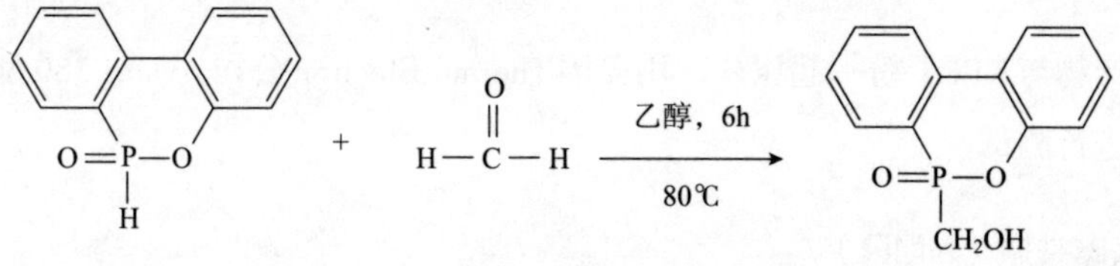

图3-1　DOPO-CH$_2$OH合成反应

三、DOPO-CH₃的合成

DOPO-CH$_3$的合成分两步进行，先合成DOPO-OCH$_3$，然后DOPO-OCH$_3$经重排反应得到DOPO-CH$_3$。

（1）由DOPO合成DOPO-OCH$_3$的反应式如图3-2所示。将21.6g（0.1mol）DOPO和0.25mL浓HCl溶解在加有100mL甲醇的四口烧瓶中，加热至85℃回流，45min后加入0.05mL浓HCl；逐滴加入21.2g（0.2mol）原甲酸三甲酯，在3h左右加完；在滴加原甲酸三甲酯的过程中每30min加入0.05mL浓HCl；然后持续反应5h。反应物用旋转蒸发仪在减压条件下除去挥发性组分，得到黄色液体DOPO-OCH$_3$[6]，产率为98%。

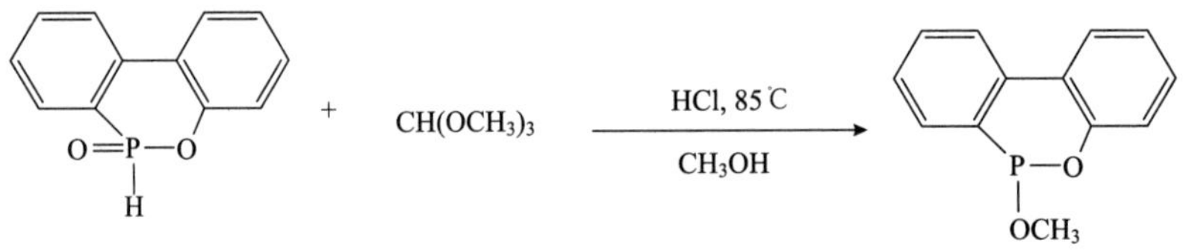

图3-2　DOPO-OCH₃合成反应

（2）DOPO-OCH$_3$重排反应式如图3-3所示。将115g（0.5mol）DOPO-OCH$_3$和0.6mL对甲苯磺酸甲酯加入四口烧瓶中，在氮气保护条件下于175℃反应24h，冷却得到透明的玻璃状物DOPO-CH$_3$[7]。然后，加入丙酮析出白色晶体，抽滤得到白色的DOPO-CH$_3$固体，于80℃下烘8h得到DOPO-CH$_3$白色固体产物，产率为92%。

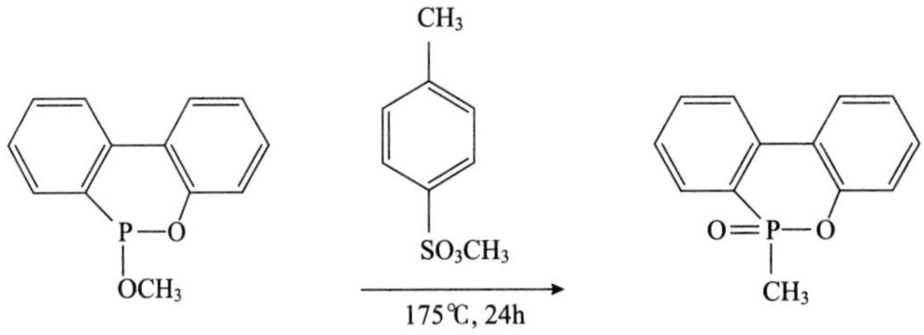

图3-3　DOPO-OCH₃重排反应

四、合成物结构表征

（一）傅里叶红外光谱（FTIR）

将合成产物与KBr干粉一起压片，用美国Thermo Electron公司Avatar 380型傅里叶变换红外光谱仪进行测试。

（二）核磁共振（NMR）

用德国布鲁克仪器制造有限公司的AV 400M型核磁共振仪，对产物进行表征，质子共振频率400MHz。

（三）元素分析（EA）

用德国Elmentar公司Vario EL Ⅲ型元素分析仪根据标准JY/T 017—1996测定合成物中C、H元素的含量。根据标准JY/T 015—1996，合成产物先采用微波消解，然后用美国Leeman公司Prodigy型电感耦合等离子体原子发射仪测定磷含量。

五、阻燃剂分散液制备

用球磨机将DOPO-CH$_2$OH或DOPO-CH$_3$分别加分散剂和水研磨成粒径为1~2μm的分散液，再加入保护胶得到稳定的阻燃剂分散液。各组分的含量同第二章优化的处方。

六、涤纶织物阻燃或阻燃染色同浴处理

整理工艺如第二章第一节所述。

七、整理品性能测试

整理品的阻燃性能、同浴染色的织物的 K/S 值和色差及阻燃效果耐洗性如第二章第一节所述。

织物上磷含量测定、热重分析（TGA）、热裂解—气相色谱/质谱联用（Py-GC/MS）分析、涤纶热氧降解残留物FTIR分析、有关形貌的扫描电子显微镜（SEM）分析如第二章第一节所述。

第二节　结果与讨论

一、合成产物结构表征

（一）DOPO-CH$_2$OH结构表征

图3-4和图3-5分别为DOPO和合成DOPO-CH$_2$OH的反应产物的 ^{1}H-NMR谱图和红外光谱。

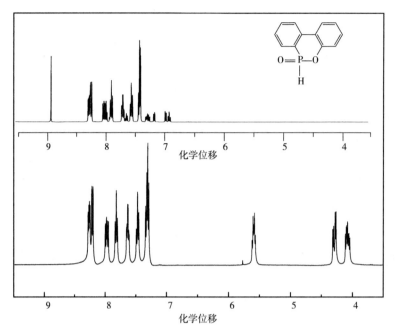

图3-4　DOPO和反应产物的 ^{1}H-NMR谱图

由图3-4可知，反应产物的 ^{1}H-NMR化学位移有3处，其中4.04~4.27（m，2H）为—CH$_2$OH中—CH$_2$的2个H，5.60（t，1H）为—OH的H，7.31~8.22（m，8H）为苯环上的H。在反应产物谱图中不存在DOPO的化学位移为8.89（s，1H）的P—H键的H。说明反应产物为DOPO—CH$_2$OH。

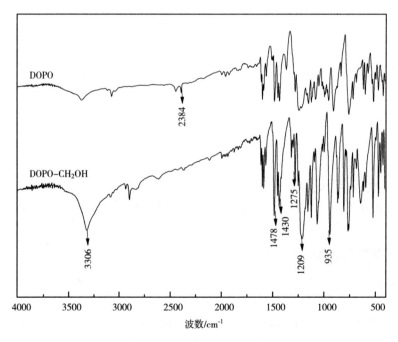

图3-5　DOPO和反应生成物的红外光谱

从图3-5红外谱图可见，反应产物中不存在DOPO中2384cm^{-1}处的P—H伸缩振动吸收峰，而出现3306cm^{-1}处的C—OH吸收峰。其中1478cm^{-1}、1430cm^{-1}和1275cm^{-1}左右的P—Ph、P—C和P=O伸缩振动吸收峰，1209cm^{-1}左右的P—O—Ph伸缩振动吸收峰和935cm^{-1}弯曲变形振动吸收峰在DOPO和反应产物中都存在。

元素分析结果：DOPO—CH$_2$OH元素含量理论值为C：63.41%；H：4.47%；P：12.60%。实测值C：63.27%；H：4.48%；P：12.06%。实测值和理论值基本相符。

通过^{1}H-NMR、红外光谱和元素分析可以确定反应产物为DOPO—CH$_2$OH。

（二）DOPO—CH$_3$结构表征

合成DOPO—CH$_3$的反应产物^{1}H-NMR谱图和红外光谱分别如图3-6和图3-7所示。从图3-6来看，生成物氢化学位移在1.83（d，3H），7.21~7.94（m，8H）处存在特征峰，分别为DOPO—CH$_3$中甲基和苯环上氢的位移。而DOPO的P—H键的H化学位移8.89（s，1H）在反应产物谱图中消失，可知反应生成了DOPO—CH$_3$。

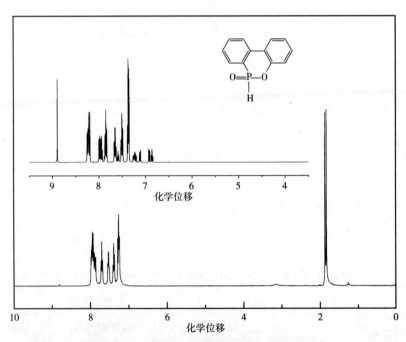

图3-6　DOPO和反应生成物的^{1}H-NMR谱图

从图3-7 DOPO—CH$_3$的红外光谱可见，2900~3060cm^{-1}为—CH$_3$吸收峰，1476cm^{-1}为P—Ph吸收峰，1446cm^{-1}为P—C吸收峰，1307cm^{-1}为P=O吸收峰，1225cm^{-1}和911cm^{-1}为P—O—Ph吸收峰。除了—CH$_3$吸收峰外，以上的吸收峰在DOPO中都存在，而DOPO中2384cm^{-1}处的P—H伸缩振动吸收峰在反应产物中消失。

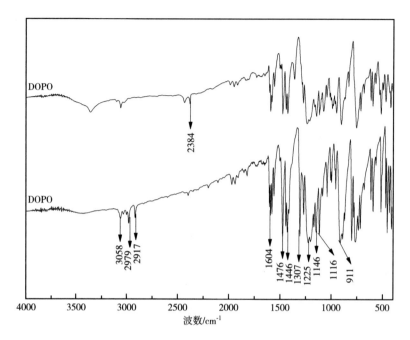

图3-7　DOPO和DOPO-CH₃的红外光谱

元素分析结果：DOPO-CH₃元素含量理论值为C：67.82%；H：4.78%；P：13.48%。实测值C：67.37%；H：4.80%；P：12.96%。实测值和理论值基本相符。

由上述¹H-NMR、FTIR光谱和元素分析可知所合成产物为DOPO-CH₃。

二、DOPO-CH₂OH分散液用于涤纶阻燃整理及阻燃染色同浴处理

将制得的DOPO-CH₂OH分散液用于涤纶阻燃整理。采用第二章第一节中浸渍法，整理品阻燃性能见表3-3。

表3-3　DOPO-CH₂OH分散液浸渍法整理品的阻燃性能

DOPO-CH₂OH分散液浓度/ (g·L⁻¹)	LOI/%		垂直燃烧性能					
			损毁长度/cm		续燃时间/s		阴燃时间/s	
	洗前	5次洗后	洗前	5次洗后	洗前	5次洗后	洗前	5次洗后
60	29.2	30.6	11.5	11.0	0	0	0	0
未处理	21.3	—	13.7	—	14.7	—	0	0

从表3-3可知，DOPO-CH₂OH阻燃整理后涤纶织物的LOI从21.3%提高至29.2%；损毁长度11.5cm，无续燃和阴燃。5次洗涤后整理品LOI较洗前提高了1.4，损毁长度有所减少，

可见DOPO–CH₂OH阻燃涤纶具有好的耐洗性。但阻燃剂相同浓度下，DOPO–CH₂OH整理品的阻燃性能低于第二章中DOPO整理品。

将DOPO–CH₂OH分散液与分散染料采用第二章第一节同浴法工艺处理涤纶，其对整理品阻燃性能和分散染料染色性能的影响见表3–4。

表3–4　DOPO–CH₂OH与分散染料同浴处理涤纶织物的阻燃和染色性能

DOPO–CH₂OH分散液浓度/（g·L⁻¹）	分散染料（2%, omf）	LOI/%	K/S值	ΔL	Δa	Δb	ΔE
60	—	29.2	—	—	—	—	—
60	分散红60	31.6	8.6	−0.26	−0.49	−0.52	0.3
60	分散黄54	31.4	15.3	0.37	−0.97	−1.23	0.7
60	分散蓝56	31.3	12.6	1.86	−3.2	2.82	2.6
—	分散红60	22.7	8.5	—	—	—	—
—	分散黄54	23.9	16.5	—	—	—	—
—	分散蓝56	23.2	14.3	—	—	—	—
未处理	—	21.3	—	—	—	—	—

由表3–4可知，DOPO–CH₂OH阻燃分散液与分散染料同浴处理涤纶，整理品极限氧指数从21.3%提高至31%~32%，比第二章中DOPO分散染料同浴处理（LOI为32%~33%）的略低。与三种染料单独染色样的色差分别比用DOPO的色差大为缩小，ΔE最大的为分散蓝的2.6，表明用DOPO–CH₂OH替代DOPO后，由于不存在活泼的P—H，阻燃和分散染料染色可以同浴进行。

三、DOPO–CH₃分散液用于涤纶阻燃整理及阻燃染色同浴处理

将制得的DOPO–CH₃分散液采用浸渍法处理涤纶织物，整理品阻燃性能见表3–5；并比较浓度都为60g/L，相同处理工艺条件下，DOPO–CH₃与DOPO或DOPO–CH₂OH整理品的阻燃性能及各阻燃剂的利用率。

表3–5　不同阻燃剂整理品的阻燃性能和阻燃剂利用率

试样	LOI/%	5次洗后LOI/%	垂直燃烧性能			织物上磷含量/（mg·g⁻¹）	阻燃剂利用率/%
			损毁长度/cm	续燃时间/s	阴燃时间/s		
涤纶—DOPO—CH₃	32.5	32.8	10.1	0	0	2.75	4.2

续表

试样	LOI/%	5次洗后LOI/%	垂直燃烧性能			织物上磷含量/（mg·g⁻¹）	阻燃剂利用率/%
			损毁长度/cm	续燃时间/s	阴燃时间/s		
涤纶—DOPO	32.3	32.5	10.0	0	0	2.41	3.5
涤纶—DOPO—CH₂OH	29.2	30.6	11.5	0	0	0.96	1.6
未处理	21.3	—	13.7	14.7	0	—	—

由表3-5可知，虽然DOPO-CH$_2$OH可以与分散染料同浴处理涤纶织物，但DOPO-CH$_2$OH的利用率低于DOPO，织物上磷含量不到千分之一，难免影响阻燃效果（但从并不算低的阻燃性看，DOPO-CH$_2$OH的阻燃效率还是非常高的）。DOPO-CH$_3$用于涤纶阻燃整理，整理品的LOI可以提高至32.5%，且具有好的耐洗性能。相同浓度和相同处理条件DOPO-CH$_3$利用率是DOPO-CH$_2$OH的2.6倍，也高于DOPO。有研究[3]报道涤纶的E_T（30）为44.6，而DOPO-CH$_2$OH的E_T（30）为52.8，与涤纶极性相差较大，DOPO-CH$_2$OH从水到涤纶的吉布斯自由能ΔG为0.508大于零，表明DOPO-CH$_2$OH从水中进入纤维中不是自发的过程，这可能是造成DOPO-CH$_2$OH进入涤纶纤维的量很低的原因。DOPO-CH$_3$的E_T（30）为50.0小于DOPO-CH$_2$OH的，DOPO-CH$_3$的ΔG为-0.275小于零，表明DOPO-CH$_3$从水中进入纤维中可自发地进行。因此，表明通过降低DOPO衍生物的极性可以在一定程度上提高在涤纶阻燃整理中的利用率，但DOPO-CH$_3$与涤纶的极性相差还较大，这可能是阻燃剂的利用率依然较低的原因。

采用扫描电子显微镜观察分别经DOPO-CH$_2$OH分散液（60g/L）和DOPO-CH$_3$分散液（60g/L）浸渍法整理后的涤纶织物表面，结果如图3-8所示。

　　　×1.0k　100μm　　　　　　　　　　　×1.0k　100μm
（a）DOPO-CH$_2$OH分散液60g/L浸渍法　　　（b）DOPO-CH$_3$分散液60g/L浸渍法

图3-8　阻燃整理涤纶织物SEM图

由图3-8 DOPO-CH$_2$OH 和 DOPO-CH$_3$阻燃整理后涤纶织物的SEM图像可知，涤纶纤维表面未出现阻燃剂的聚集，存在少量的细小物质可能为涤纶的低聚物，说明DOPO-CH$_2$OH和DOPO-CH$_3$进入到涤纶纤维内部。

将DOPO-CH$_3$分散液与分散染料采用一浴法工艺处理涤纶织物，其对整理品阻燃性能和分散染料染色性能的影响见表3-6。

表3-6 DOPO-CH$_3$与分散染料同浴处理涤纶织物的阻燃和染色性能

DOPO-CH$_3$分散液浓度/（g·L^{-1}）	分散染料（2%, omf）	LOI/%	K/S值	ΔL	Δa	Δb	ΔE
60	—	32.5	—	—	—	—	—
60	分散红60	32.4	5.8	2.88	−3.32	−2.37	2.0
60	分散黄54	33.0	15.3	0.88	−0.88	−0.82	0.7
60	分散蓝56	33.3	9.5	6.16	−4.52	1.87	4.0
—	分散红60	22.7	8.5	—	—	—	—
—	分散黄54	23.9	16.5	—	—	—	—
—	分散蓝56	23.2	14.3	—	—	—	—
未处理	—	21.3					

由表3-6可知，DOPO-CH$_3$阻燃分散液与分散染料同浴处理涤纶织物，整理品LOI提高至32%以上，与第二章中DOPO与分散染料同浴处理的阻燃性能相近。与三种染料单独染色样的色差较DOPO-CH$_2$OH同浴处理时的色差大，但比用DOPO的有所缩小且色相变化较小，因此，在一定程度上，DOPO-CH$_3$可以与分散染料同浴处理涤纶织物。

四、阻燃整理涤纶织物热重分析

测定DOPO-CH$_2$OH分散液60g/L和DOPO-CH$_3$分散液60g/L整理品分别在氮气或空气气氛下的热失重，以及这两个阻燃剂分别在氮气或空气气氛下的热失重，TG和DTG曲线见图3-9和图3-10，TG分析数据见表3-7和表3-8。

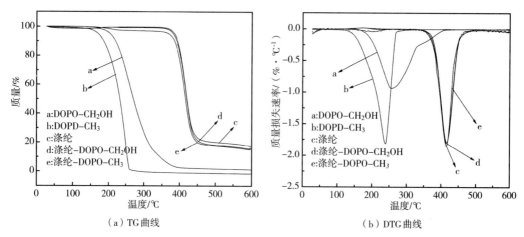

图3-9 DOPO-CH$_2$OH、DOPO-CH$_3$、未处理和阻燃涤纶在氮气气氛下的TG曲线和DTG曲线

表3-7 DOPO-CH$_2$OH、DOPO-CH$_3$、未处理和阻燃涤纶在氮气气氛下的TG分析数据

试样	$T_{5\%}$/℃	T_{max}/℃	最大失重速率/（%·℃$^{-1}$）	600℃残留物含量/%
DOPO-CH$_2$OH	218	258	0.94	1.15
DOPO-CH$_3$	216	250	1.93	0
涤纶	406	432	1.92	16.38
涤纶-DOPO-CH$_2$OH	404	429	1.78	16.26
涤纶-DOPO-CH$_3$	403	427	1.85	15.13

由图3-9和表3-7可知，在氮气条件下DOPO-CH$_2$OH、DOPO-CH$_3$、未处理涤纶和两种阻燃涤纶织物分别有一次明显失重。DOPO-CH$_2$OH和DOPO-CH$_3$的起始失重温度比

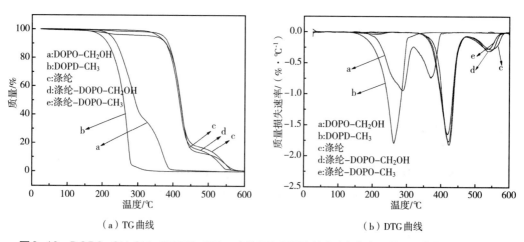

图3-10 DOPO-CH$_2$OH、DOPO-CH$_3$、未处理和阻燃涤纶在空气气氛下的TG曲线和DTG曲线

DOPO的（表2–9）有所提高。比起DOPO的最大失重速率温度252℃，DOPO–CH$_2$OH的略有提高。阻燃涤纶的$T_{5\%}$比未处理涤纶织物略低，应与DOPO–CH$_2$OH和DOPO–CH$_3$本身$T_{5\%}$大大低于涤纶有关。阻燃涤纶T_{max}比未处理涤纶略低3~5℃，最大失重速率有所降低，表明两种阻燃剂未明显影响涤纶的热分解稳定性。DOPO–CH$_2$OH 600℃的残留物含量很少，DOPO–CH$_3$没有残留物，两种阻燃整理品残留物含量也均未增加，说明DOPO–CH$_2$OH和DOPO–CH$_3$未促进涤纶织物成炭。

表3–8   DOPO–CH$_2$OH、DOPO–CH$_3$、未处理和阻燃涤纶织物在空气气氛下的TG分析数据

试样	$T_{5\%}$/℃	T_{max}/℃		最大失重速率/（%·℃$^{-1}$）		600℃残留物含量/%
		失重1	失重2	失重1	失重2	
DOPO–CH$_2$OH	237	286	371	0.96	0.73	0
DOPO–CH$_3$	223	257	—	1.79	—	0
涤纶	400	428	539	1.79	0.20	0.72
涤纶–DOPO–CH$_2$OH	395	421	538	1.77	0.22	0.56
涤纶–DOPO–CH$_3$	393	420	536	1.73	0.20	0.42

由图3–10和表3–8可知，DOPO–CH$_2$OH、未处理和两种阻燃涤纶织物在空气条件下都分别有两个明显的失重阶段，DOPO–CH$_3$只有一个失重阶段。DOPO–CH$_2$OH两个失重阶段的T_{max}286℃和371℃分别高于DOPO的249℃和358℃（表2–10），第一失重阶段的T_{max}比涤纶的低142℃，差距小于DOPO的179℃，可能使其比DOPO能更好地发挥气相阻燃作用。DOPO–CH$_3$的T_{max}比涤纶第一失重阶段的T_{max}低171℃。第一失重阶段阻燃涤纶的$T_{5\%}$和T_{max}比未处理涤纶织物略低，原因应与氮气下的相同。两种阻燃涤纶的第一失重阶段的最大失重速率都比涤纶的略有放缓，但第二失重阶段的最大失重速率与未处理涤纶的相同甚至比之更快。两种阻燃剂600℃的残留物含量都为0，阻燃涤纶与未处理涤纶比较残留物含量都有所减少。以上结果说明DOPO–CH$_2$OH和DOPO–CH$_3$对涤纶燃烧过程中成炭无促进作用。

五、DOPO–CH$_2$OH和DOPO–CH$_3$对涤纶织物阻燃机理研究

（一）阻燃涤纶的Py–GC/MS测试

对未处理、经DOPO–CH$_2$OH和DOPO–CH$_3$阻燃整理的涤纶织物采用Py–GC/MS研究其在600℃热降解过程中产生的气相产物，结果见表3–9~表3–11。

表3-9 未处理涤纶织物裂解的气相产物

m/z	产物	时间/min	含量/%
44	CO_2	1.507	11.6
44	CH_3CHO	1.57	8.6
78	C_6H_6	2.644	7.98
148	$C_6H_5COOCH{=}CH_2$	10.13	7.27
154	$C_6H_5C_6H_5$	12.729	7.44
122	C_6H_5COOH	12.976	28.41
204	$CH_2{=}CHOCOC_6H_4COOCH{=}CH_2$	14.4	1.86
182	$C_6H_5COC_6H_5$	15.386	2.31
180	$C_6H_4COC_6H_4$	16.604	1.63
224	$C_6H_5C_6H_4COOCH{=}CH_2$	16.927	2.24
230	$C_6H_5C_6H_4C_6H_5$	17.06	2.2
210	$OHCC_6H_4C_6H_4CHO$	17.246	1.07
270	$C_6H_5COOCH_2CH_2OCOC_6H_5$	19.064	12.37
340	$C_6H_5COOCH_2CH_2OCOC_6H_4COOCH{=}CH_2$	21.978	1.25

表3-10 DOPO-CH$_2$OH阻燃涤纶织物裂解的气相产物

m/z	产物	时间/min	含量/%
44	CO_2	1.505	10.34
44	CH_3CHO	1.573	8.41
78	C_6H_6	2.663	9.64
148	$C_6H_5COOCH{=}CH_2$	10.041	9.87
122	C_6H_5COOH	11.981	25.46
154	$C_6H_5C_6H_5$	12.714	8.15
168	$C_6H_5CH_2C_6H_5$	13.162	0.51
204	$CH_2{=}CHOCOC_6H_4COOCH{=}CH_2$	14.34	0.84
182	$C_6H_5COC_6H_5$	15.296	1.43

续表

m/z	产物	时间/min	含量/%
180	$C_6H_4COC_6H_4$	15.96	0.5
168	$C_6H_4OC_6H_4$	16.579	0.96
224	$C_6H_5C_6H_4COOCH{=}CH_2$	16.928	1.34
230	$C_6H_5C_6H_4C_6H_5$	17.042	0.71
210	$OHCC_6H_4C_6H_4CHO$	17.231	1.18
270	$C_6H_5COOCH_2CH_2OCOC_6H_5$	19.069	16.12
340	$C_6H_5COOCH_2CH_2OCOC_6H_4COOCH{=}CH_2$	20.695	0.69

表3-11　DOPO-CH₃阻燃涤纶织物裂解的气相产物

m/z	产物	时间/min	含量/%
44	CO_2	1.506	8.7
44	CH_3CHO	1.576	4.14
78	C_6H_6	2.654	1.9
148	$C_6H_5COOCH{=}CH_2$	10.681	7.66
154	$C_6H_5C_6H_5$	12.437	5.18
122	C_6H_5COOH	12.534	43.19
168	$C_6H_5CH_2C_6H_5$	13.88	0.54
204	$CH_2{=}CHOCOC_6H_4COOCH{=}CH_2$	14.315	7.96
182	$C_6H_5COC_6H_5$	15.646	1.54
180	$C_6H_4COC_6H_4$	16.189	4.27
168	$C_6H_4OC_6H_4$	16.579	0.69
224	$C_6H_5C_6H_4COOCH{=}CH_2$	16.943	4.26
210	$OHCC_6H_4C_6H_4CHO$	17.231	1.18
270	$C_6H_5COOCH_2CH_2OCOC_6H_5$	19.081	4.92
340	$C_6H_5COOCH_2CH_2OCOC_6H_4COOCH{=}CH_2$	21.941	1.03

由表3-9中数据可知，未处理涤纶织物的主要裂解产物为CO_2、乙醛、苯、联苯和苯甲酸，相对含量分别为11.6%、8.6%、7.98%、7.44%和28.41%。表3-10中，DOPO-CH_2OH阻燃涤纶裂解产物中以上主要产物含量分别为10.34%，8.41%，9.64%，8.15%和25.46%，变化不大，说明DOPO-CH_2OH对涤纶热降解途径影响较小。表3-11中，DOPO-CH_3阻燃涤纶裂解产物中CO_2、乙醛、苯、联苯含量都较未处理涤纶降低，而苯甲酸的含量增加。这与DFR阻燃涤纶的热裂解有相似之处。联苯是涤纶自由基降解过程形成的产物，其含量的降低，表明DOPO-CH_3可减缓涤纶自由基降解过程。在DOPO-CH_2OH和DOPO-CH_3阻燃涤纶气相降解产物中都存在二苯并呋喃，二苯并呋喃为DOPO的气相裂解产物，说明DOPO-CH_2OH和DOPO-CH_3阻燃涤纶裂解的气相产物中存在PO·和PO_2·等含磷的自由基，可与涤纶燃烧过程中产生的·H和·OH反应，而抑制燃烧的自由基链式反应。因此，DOPO-CH_2OH和DOPO-CH_3用于涤纶阻燃，都存在气相阻燃作用。

（二）阻燃涤纶热氧降解残留物的FTIR分析

为了进一步研究DOPO-CH_2OH和DOPO-CH_3对涤纶织物是否存在凝聚相阻燃作用，未处理和分别经DOPO-CH_2OH和DOPO-CH_3阻燃处理的涤纶在马弗炉中以10℃/min速率升温，收集升温至特定温度后的残留物进行FTIR测试，FTIR谱图分别如图3-11~图3-13所示。

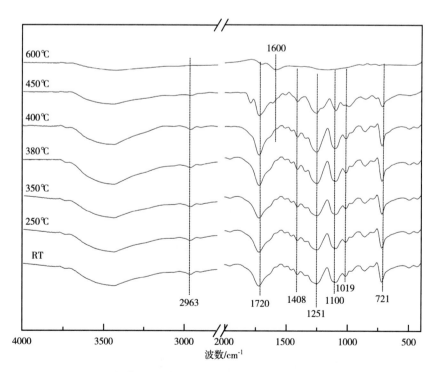

图3-11　未处理涤纶在马弗炉中升温至特定温度后的FTIR谱图

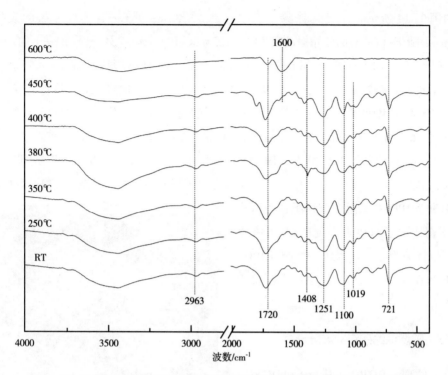

图3-12 DOPO-CH₂OH阻燃涤纶在马弗炉中升温至特定温度后的FTIR谱图

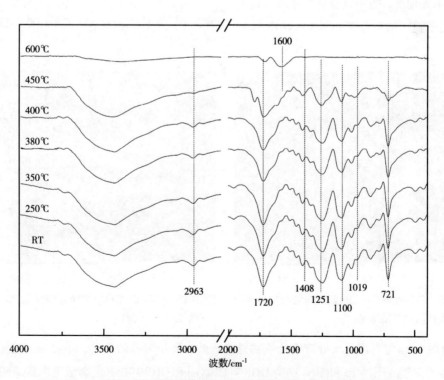

图3-13 DOPO-CH₃阻燃涤纶在马弗炉中升温至特定温度后的FTIR谱图

如图 3-11 所示，未处理涤纶室温下存在 2963cm^{-1} 处 C—H 的伸缩振动吸收峰，1720cm^{-1} 处酯羰基 C=O 的伸缩振动吸收峰，1251cm^{-1} 和 1100cm^{-1} 处—COOC—上的 C—O 伸缩振动吸收峰，1019cm^{-1} 处苯环上的 C—H 面内弯曲振动吸收峰和 721cm^{-1} 处苯环上的 C—H 面外弯曲振动吸收峰。在马弗炉温度 400℃ 以下涤纶特征吸收峰吸收强度没有发生明显降低，当升温至 450℃ 时，由于涤纶长链的裂解使其特征吸收峰吸收强度降低。当升温至 600℃ 时，涤纶特征吸收峰消失，出现了 1600cm^{-1} 的吸收峰，此为残渣中芳环的 C=C 振动吸收峰。图 3-12 和图 3-13 分别为 DOPO-CH$_2$OH 和 DOPO-CH$_3$ 阻燃涤纶织物不同升温处理后的 FTIR 谱图，它们与未处理涤纶不同温度的谱图分别相似，升温至 600℃ 时 DOPO-CH$_2$OH 和 DOPO-CH$_3$ 阻燃涤纶织物残留物 FTIR 谱图中除了 1600cm^{-1} 处的 C=C 吸收峰无其他特征吸收峰。因此，推测 DOPO-CH$_2$OH 和 DOPO-CH$_3$ 对涤纶基本无凝聚相阻燃作用。

×300　300μm

图 3-14　未处理涤纶织物马弗炉 600℃ 处理后残渣 SEM 图

（三）阻燃涤纶残炭的炭层形貌

将未处理、DOPO-CH$_2$OH 和 DOPO-CH$_3$ 阻燃处理涤纶织物在马弗炉中空气气氛下 600℃ 处理后，收集残炭，采用 SEM 研究其炭层形貌，结果分别如图 3-14~图 3-16 所示。

×300　300μm

图3-15　DOPO-CH$_2$OH 阻燃涤纶织物马弗炉 600℃ 处理后残渣 SEM 图

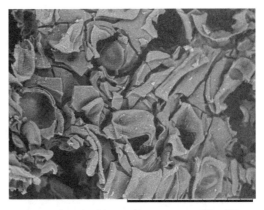

×300　300μm

图3-16　DOPO-CH$_3$ 阻燃涤纶织物马弗炉 600℃ 处理后残渣 SEM 图

由图 3-14 可看出，未处理涤纶织物残渣表面为膨松多孔的炭层，不能很好地隔绝热和外部的空气。图 3-15 和图 3-16 为 DOPO-CH$_2$OH 和 DOPO-CH$_3$ 阻燃涤纶的残渣 SEM 图片，其形貌与未处理涤纶织物相近，同样是膨松多孔的炭层表面，因此，DOPO–CH$_2$OH 和 DOPO–CH$_3$都基本未使涤纶织物的残炭结构发生改变。

因此由 Py–GC/MS，FTIR 光谱和 SEM 测试结果，结合 TGA 结果，可以得出 DOPO—CH$_2$OH 和 DOPO–CH$_3$分别用于涤纶织物阻燃整理都主要通过气相机理起作用，无凝聚相阻燃作用的结论。

本章小结

本章合成了 DOPO 的羟甲基（DOPO–CH$_2$OH）和甲基衍生物（DOPO–CH$_3$），将它们采用浸渍法处理涤纶织物，研究它们分别与分散染料同浴处理时，涤纶织物的阻燃性能和染色性能。比较 DOPO–CH$_2$OH、DOPO–CH$_3$和 DOPO 阻燃整理涤纶的阻燃性能及阻燃剂的利用率。采用热重分析研究 DOPO–CH$_2$OH 和 DOPO–CH$_3$阻燃整理前后涤纶的热稳定性，并采用 Py–GC/MS 和 FTIR 对阻燃机理进行研究，用 SEM 分析阻燃涤纶残炭的外观形貌。得出以下结论。

（1）DOPO 与甲醛反应制备 DOPO–CH$_2$OH；DOPO 先与原甲酸三甲酯反应制备 DOPO–OCH$_3$，再经重排反应制备 DOPO–CH$_3$。通过对产物 ^{1}H–NMR、FTIR 光谱和元素分析，证明成功合成得到 DOPO 的羟甲基衍生物 DOPO–CH$_2$OH 和甲基衍生物 DOPO–CH$_3$。

（2）DOPO–CH$_2$OH 分散液用于涤纶织物阻燃整理时，能较好地改善整理品的阻燃性能。当 DOPO–CH$_2$OH 分散液浓度为 60g/L 时，整理品的 LOI 可以达到 29.2%，低于同等浓度的 DOPO 阻燃整理品，与其利用率极低、织物上含磷量不到千分之一有关；但同样具有好的耐洗性。DOPO–CH$_2$OH 阻燃剂分散液与分散染料同浴处理涤纶织物，整理品 LOI 达到 31%；与三种染料单独染色样的色差分别比用 DOPO 的色差大为缩小，阻燃和染色可以同浴进行。表明活泼的 P—H 键的 H 转换成—CH$_2$OH 后确能减小对分散染料染色的影响。由于 DOPO–CH$_2$OH 与涤纶之间较大的极性差异，使得进入涤纶纤维的量很低，进而造成阻燃剂利用率低。

（3）合成较低极性的 DOPO–CH$_3$，DOPO–CH$_3$分散液用于涤纶织物阻燃整理，整理品的 LOI 可以提高至 32.5%，且具有好的耐洗性，整理品的 LOI 和垂直燃烧性能优于 DOPO 或 DOPO–CH$_2$OH 整理品。DOPO–CH$_3$相同浓度和相同处理条件时，利用率是 DOPO–CH$_2$OH 的 2.6 倍，也高于 DOPO。因此，通过降低 DOPO 衍生物的极性在一定程度上可以提高阻燃剂的利用率。但 DOPO–CH$_3$与涤纶的极性相差还较大，使得阻燃剂的利用率依然较低。DOPO–CH$_3$与分散染料同浴处理时，涤纶阻燃性能较 DOPO–CH$_2$OH 整理品好，色差较大，但较DOPO的色差有所减少且色相差异较小，一定程度上可与分散染料同浴进行阻燃染色处理。

（4）TGA结果表明，无论是空气还是氮气气氛下，DOPO-CH₂OH和DOPO-CH₃阻燃整理涤纶织物起始失重温度和最大失重速率温度都比未处理涤纶织物有所降低，最大失重速率有所减缓或变化不大。残留物含量与未处理涤纶织物比较都未增加，说明DOPO-CH₂OH和DOPO-CH₃的引入并不能促进涤纶成炭。

（5）Py-GC/MS结果表明，DOPO-CH₂OH对涤纶热降解影响较小，而DOPO-CH₃可能会减缓涤纶自由基裂解过程。与DOPO相似地，DOPO-CH₂OH和DOPO-CH₃阻燃涤纶气相裂解产物中都存在二苯并呋喃，说明DOPO-CH₂OH和DOPO-CH₃裂解过程中有含磷的自由基，如PO·和PO₂·产生，会淬灭涤纶燃烧过程中产生的·H和·OH自由基。残炭FTIR分析结果表明，DOPO-CH₂OH和DOPO-CH₃并未对涤纶织物的凝聚相产生影响。且SEM观察到，与未处理涤纶比较，阻燃涤纶的残留物结构并未发生明显的变化。因此，DOPO-CH₂OH和DOPO-CH₃主要是通过气相机理对涤纶起阻燃作用，无凝聚相作用。DOPO-CH₂OH整理品空气气氛中第一失重阶段的T_{max}高于DOPO的，与涤纶的差距缩小，可能利于其气相阻燃作用的发挥。

参考文献

[1] 何瑾馨. 染料化学 [M]. 北京：中国纺织出版社, 2004.

[2] SPANGE S, VILSMEIER E, FISCHER K, et al. Empirical polarity parameters for various macromolecular and related materials[J]. Macromolecular Rapid Communications, 2000, 21(10): 643–659.

[3] CHANG S, ZHOU X, XING Z Q, et al. Probing polarity of flame retardants and correlating with interaction between flame retardants and PET fiber[J]. Journal of Colloid and Interface Science, 2017, 498: 343–350.

[4] FANG Y C, ZHOU X, XING Z Q, et al. Flame retardant performance of a carbon source containing DOPO derivative in PET and epoxy[J]. Journal of Applied Polymer Science, 2017, 134(12).

[5] SCHäFER A, SEIBOLD S, LOHSTROH W, et al. Synthesis and properties of flame–retardant epoxy resins based on DOPO and one of its analog DPPO[J]. Journal of Applied Polymer Science, 2007, 105(2): 685–696.

[6] ARTNER J, CIESIELSKI M, AHLMANN M, et al. A novel and effective synthetic approach to 9, 10–dihydro–9–oxa–10–phosphaphenanthrene–10–oxide(DOPO) derivatives[J]. Phosphorus, Sulfur, and Silicon, 2007, 182(9): 2131–2148.

[7] ARTNER J, CIESIELSKI M, AHLMANN M, et al. A novel and efficient synthesis of trivalent 9, 10–dihydro–9–oxa–10–phosphaphenanthrene–10–oxide derivatives[J]. Arkivoc, 2007, 3: 132–142.

第四章

含磷杂菲的环磷腈衍生物合成及应用

为提高阻燃效果和改善涤纶的熔滴现象，将具有不同阻燃作用的阻燃剂结合是一条被广为探索的途径[1-3]。之前的研究表明DOPO、DOPO–CH$_2$OH和DOPO–CH$_3$主要通过气相机理起作用。如绪论所述，涤纶的熔滴现象可以通过促进其成炭改善。分子骨架由磷氮原子构成的环三磷腈同时具有含磷阻燃剂良好的阻燃性能和含氮化合物的阻燃增效作用受到越来越多的关注[4-6]。环三磷腈具有很好的热稳定性，在空气高温条件下环三磷腈会分解形成磷酸，促进聚合物脱水成炭。环磷腈还可促进含磷的化合物快速形成聚磷酸与聚合物分解产物反应而促进其成炭[7-9]。Liu等[10]合成了一种无卤环三磷腈基环氧化物阻燃剂（PN–EPC），结构如图4–1所示。由于PN–EPC中环三磷腈的磷氮协同效应，可以赋予环氧树脂优异的阻燃性能，当PN–EPC的添加量达到20%时，共混环氧树脂的LOI可以达到31.8%，垂直燃烧性能可以达到UL–94 V–0级。Li等[11]将环三磷腈衍生物引入到PET基质中，阻燃机理研究表明，环三磷腈衍生物能够促进成炭，存在凝聚相阻燃作用。Zhang等[12-13]合成了两种阻燃剂，六（4–硝基苯氧基）环三磷腈（HNCP）和六（4–醛基苯氧基）环三磷腈（HAPCP），分别用作PET的共混阻燃剂，当阻燃剂含量为10%时，HNCP和HAPCP阻燃PET的LOI分别可达35.1%和34.3%，具有很好的阻燃性能。有研究将DOPO衍生物与环磷腈化合物相结合，利用磷杂菲和环磷腈的协同效应，得到阻燃性能更好的阻燃剂[14-15]。如绪论所述，钱立军[16]等合成了六（磷杂菲–羟基–甲基–苯氧基）环三磷腈（HAP–DOPO）用作环氧树脂添加型阻燃剂，其阻燃性能优于DOPO阻燃的环氧树脂。阻燃机理研究表明HAP–DOPO在热降解过程中会释放出PO·自由基和邻苯基苯氧基自由基，它们可以抑制环氧树脂降解过程中的链反应，在气相中发挥阻燃作用；从与磷腈相连的磷杂菲中裂解出残留的磷酸酯部分会增加残留物的交联密度，促进形成高强度和高产量的富含磷的炭层，存在凝聚相阻燃作用。因此，环氧树脂阻燃剂同时含磷杂菲和环磷腈部分可以同时发挥气相和凝聚相阻燃作用，具有很好的阻燃性能。

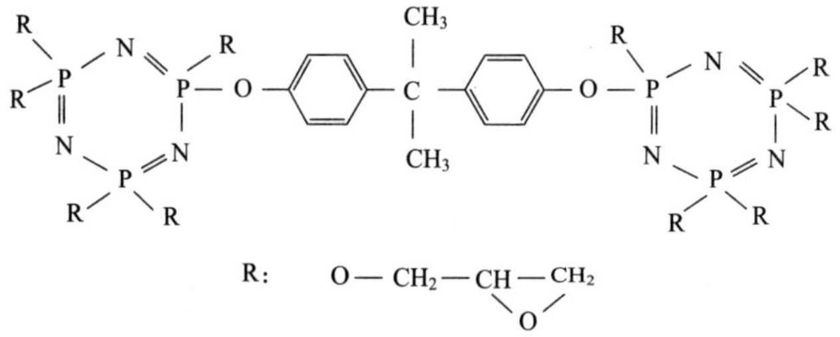

图4-1 阻燃剂PN-EPC

共混阻燃可赋予PET较耐久的阻燃性，但对PET的机械性能有影响，也是目前PET阻燃研究较多的方面。PET共混加工的温度一般要求在250℃以上，第二、第三章的研究表明DOPO、DOPO-CH₂OH和DOPO-CH₃的起始分解温度较低，都在250℃以下，因此，它们不能以添加剂的形式用于PET共混阻燃。如果能提高DOPO衍生物的分解温度，则有望拓宽其应用范围，能以共混的方式用于PET阻燃处理。

本章依据具有较强活性的磷氯键与羟基的反应，将六氯环三磷腈与DOPO-CH₂OH反应，合成单个阻燃剂分子中同时含有磷杂菲和环磷腈两种阻燃基团的阻燃剂六（磷杂菲-羟甲基）环三磷腈（DOPO-TPN），以期通过磷杂菲和环磷腈协同效应，提高阻燃效率和改善PET的熔滴现象。对合成反应过程中选用的溶剂和催化剂等进行优化，得到目标产物产率较高的合成反应条件。将合成的阻燃剂DOPO-TPN以共混的方式用于PET的阻燃，并将其用于涤纶织物的阻燃整理。

第一节　实验部分

一、材料、化学品和仪器

PET颗粒，江苏仪征化纤有限公司。

织物：纯涤纶针织物（110g/m²），上海新纺联汽车内饰有限公司。

实验所用主要化学品见表4-1，所用设备和仪器见表4-2。

表4-1 主要化学品

药品名称	规格	生产厂家
DOPO	工业品	江阴市涵丰科技有限公司
分散剂	工业品	上海新力纺织化学品有限公司

续表

药品名称	规格	生产厂家
保护胶	工业品	上海新力纺织化学品有限公司
甲醛水溶液	化学纯	国药集团化学试剂有限公司
乙醇	化学纯	国药集团化学试剂有限公司
六氯环三磷腈	工业品	济南美嘉化工有限公司
三氯甲烷	化学纯	国药集团化学试剂有限公司
丙酮	化学纯	上海云丽经贸有限公司
渗透剂JFC	工业品	江苏省海安石油化工厂
分散红60	工业品	上海安诺其集团股份有限公司
分散黄54	工业品	上海安诺其集团股份有限公司
分散蓝56	工业品	上海安诺其集团股份有限公司
三乙胺	化学纯	国药集团化学试剂有限公司
连二亚硫酸钠	化学纯	国药集团化学试剂有限公司
氢氧化钠	化学纯	国药集团化学试剂有限公司
标准合成洗涤剂	纺织品试验专用	上海白猫专用化学品有限公司

表4-2 主要设备和仪器

仪器名称	型号	生产厂家
双螺杆挤出机	SJZS-10A	武汉瑞鸣实验仪器有限公司
实验注塑机	DHS	上海德弘橡塑机械有限公司
球磨机	QM3SP2	南京南大仪器有限公司
高温油浴染色机	H-12F	台湾Rapid公司
洗衣机	3LWTW4840YW	［美国］Whirlpool公司
干衣机	3SWED4800YQ	［美国］Whirlpool公司
织物阻燃性能测试仪	YG（B）815D-I	温州市大荣纺织仪器有限公司
高温氧指数测试仪	FAA	［意大利］ATSFAAR公司
热重分析仪	TG 209F1	［德国］NETZSCH公司
激光粒度分析仪	LS13320	［美国］贝克曼库尔特公司
电脑测色配色仪	Datacolor 650	［美国］Datacolor公司

续表

仪器名称	型号	生产厂家
热裂解仪	PY-2020iD	〔日本〕Frontier公司
气质联用仪	QP2010	〔日本〕岛津公司
傅里叶变换红外光谱仪	Avatar 380	〔美国〕Thermo Electron公司
扫描电子显微镜	TM-1000	〔日本〕Hitachi公司
核磁共振仪	AV400	〔德国〕Bruker公司
元素分析仪	Vario EL III	〔德国〕Elmentar公司
电感耦合等离子体原子发射仪	Prodigy	〔美国〕Leeman公司

二、六（磷杂菲-羟甲基）环三磷腈（DOPO-TPN）的合成

含磷杂菲的环磷腈衍生物（DOPO-TPN）由DOPO-CH$_2$OH和六氯环三磷腈（HCCP）反应得到，合成反应式如图4-2所示。

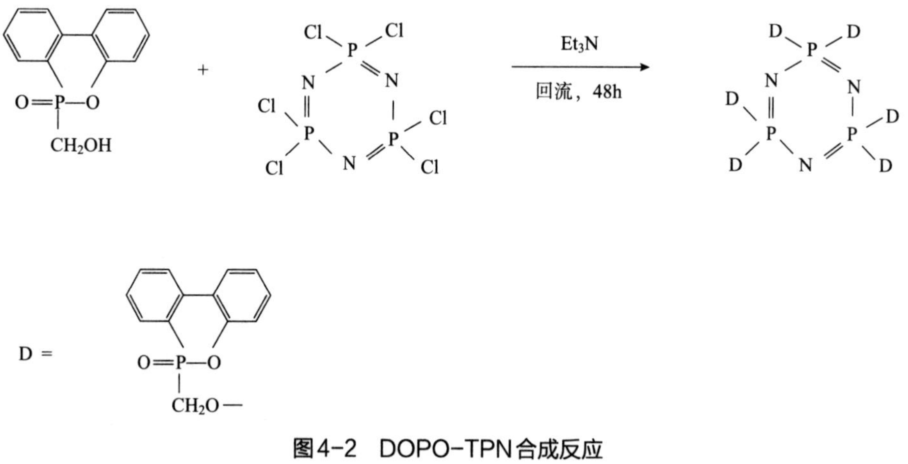

图4-2 DOPO-TPN合成反应

（一）DOPO-TPN合成反应机理

六氯环磷腈中的磷氯键具有很强的反应活性，易与羟基和氨基等基团发生取代反应，其反应机理为SN2取代反应：Nu$^-$+ MX → [Nu-M-X]$^-$→ M-Nu + X$^-$。其与DOPO-CH$_2$OH具体反应机理如图4-3所示。

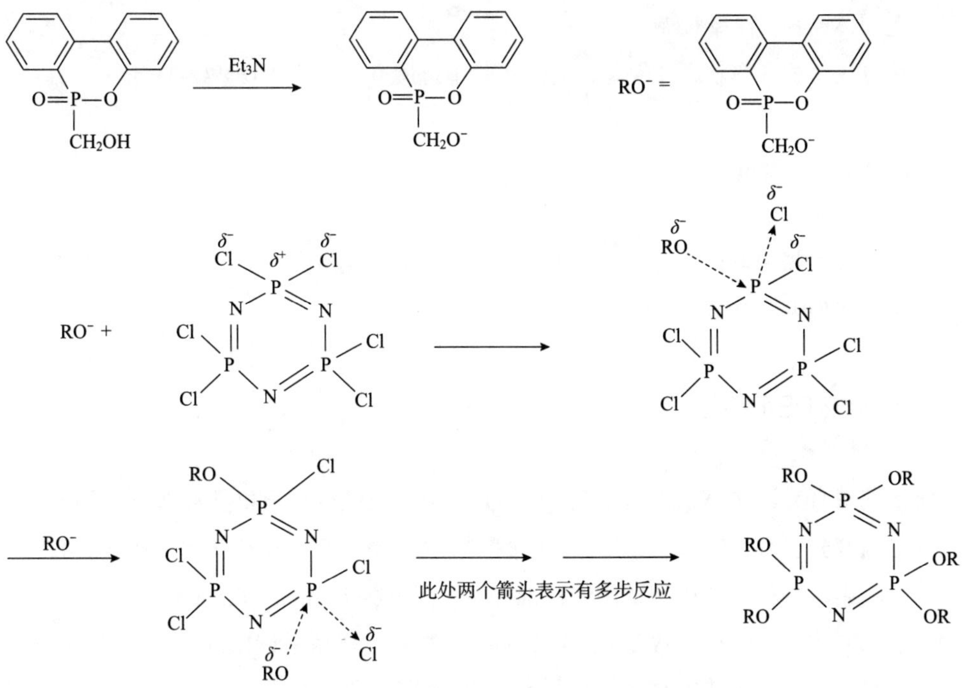

图4-3 DOPO-TPN的合成反应机理

（二）DOPO-TPN的具体合成过程

1. DOPO-CH$_2$OH的合成

其合成方法如第三章第一节所述。

2. DOPO-TPN合成

DOPO-CH$_2$OH和六氯环三磷腈的反应，选取三氯甲烷和四氢呋喃两种溶剂、三乙胺（Et$_3$N）和碳酸钾（K$_2$CO$_3$）两种催化剂进行试验，对比得出较适宜的反应条件。

（1）方法一。将100mL三氯甲烷加入带有机械搅拌器、温度计、滴液漏斗和冷凝管的250mL四口烧瓶中，再向其中加入14.76g（0.06mol）DOPO-CH$_2$OH和3.48g（0.01mol）六氯环三磷腈，反应混合物加热至65℃回流。然后逐滴加入6.06g（0.05mol）三乙胺，1h左右加完，保持在回流下继续搅拌反应48h。反应结束后用旋转蒸发仪除去三氯甲烷，得到黏稠状物，加入丙酮析出固体物质，抽滤得到白色固体，蒸馏水洗涤，在烘箱中于100℃烘8h得到白色固体产物，产率75%。

（2）方法二。将200mL四氢呋喃加入带有机械搅拌器、温度计、回流冷凝管和滴液漏斗的四口烧瓶中，再向其中加入14.76g（0.06mol）DOPO-CH$_2$OH和3.48g（0.01mol）六氯环三磷腈，反应混合物加热至65℃回流。加入5.0g（0.036mol）K$_2$CO$_3$保持在回流下继续搅拌反应48h。反应结束后，过滤除去未反应的物质，用旋转蒸发仪除去四氢呋喃，得到黏稠状物，加入丙酮析出固体物质，抽滤得到白色固体，蒸馏水洗涤，在烘箱中100℃烘8h

得到白色固体产物，产率65%。

采用方法一的产率较高，因此，后续实验中选用方法一合成DOPO-TPN。

三、合成物结构表征

合成物通过傅里叶红外光谱（FTIR）、核磁共振（NMR）、元素分析（EA）表征，具体的测试方法如第三章第一节所述。

四、共混阻燃PET制备

将不同量DOPO-TPN和PET颗粒通过SJZS-10A双螺杆挤出机共混挤出。挤出机四个区的加工温度分别为220℃，250℃，250℃和255℃。共混后的试样（PET/DOPO-TPN复合物）采用注射成型机注塑成测试用的标准样条，尺寸为125mm×6.5mm×3.2mm的样品用于极限氧指数测试，尺寸为125mm×12.5mm×3.2mm的样品用于UL-94垂直燃烧测试。未添加阻燃剂的PET和DOPO-PTN的添加量为5%、10%和15%（对应的磷含量约为0.84%、1.68%和2.53%）的共混PET分别命名为PET0、PET5、PET10和PET15。

五、阻燃剂分散液制备

制备方法如第三章第一节所述。

六、涤纶织物阻燃整理或阻燃剂和分散染料同浴处理

整理工艺如第二章第一节所述。

七、材料性能测试

共混阻燃PET极限氧指数按GB/T 2406.2—2009《塑料 用氧指数法测定燃烧行为 第2部分：室温试验》测定。共混阻燃PET的垂直燃烧性能按UL 94《设备和电器部件塑料材料的可燃性能试验》测定。涤纶织物阻燃性能、同浴染色的织物的K/S值和色差及阻燃效果耐洗性如第二章第一节所述。

织物上磷含量测定、热重分析（TGA）、热裂解—气相色谱/质谱联用（Py-GC/MS）分析、PET和涤纶热氧降解残留物FTIR分析、有关形貌的扫描电子显微镜（SEM）分析如第二章第一节所述。

第二节　结果与讨论

一、合成DOPO-TPN产物结构表征

合成DOPO-TPN产物的 ^{1}H-NMR、^{31}P-NMR谱图和FTIR光谱分别如图4-4~图4-6所示。由图4-4 ^{1}H-NMR谱图可知，产物的化学位移4.04~4.31为—P—CH$_2$—O—中的H，化学位移

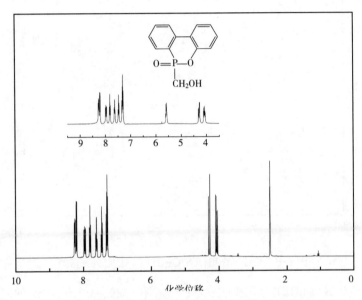

图4-4　合成产物和DOPO—CH$_2$OH的 ^{1}H-NMR谱图

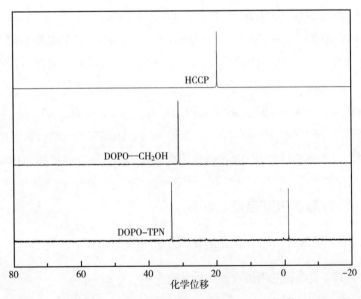

图4-5　合成产物、DOPO—CH$_2$OH和六氯环三磷腈的 ^{31}P-NMR谱图

7.28~8.28为苯环上的H，而DOPO–CH₂OH的化学位移为5.60处—OH中的H消失了，说明合成反应生成物为目标产物。

由图4-5反应生成物和DOPO–CH₂OH的^{31}P–NMR谱图可知，DOPO–CH₂OH仅存在化学位移为31.40的单峰，六氯环三磷腈存在化学位移为19.96的单峰，而合成产物存在化学位移为33.56和–0.82两个特征峰，分别对应磷杂菲中的P和环磷腈中的P。

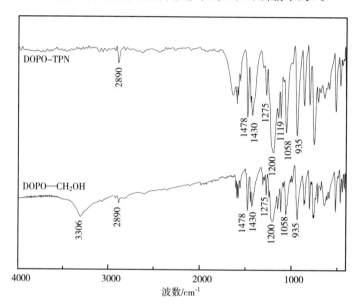

图4-6　合成产物和DOPO–CH₂OH的红外光谱图

图4-6反应生成物和DOPO–CH₂OH红外光谱图中2890cm⁻¹为—CH₂伸缩振动吸收峰，1478cm⁻¹和1446cm⁻¹为P—Ph伸缩振动吸收峰，1275cm⁻¹为P═O伸缩振动吸收峰，1120cm⁻¹为P—N伸缩振动吸收峰，1058cm⁻¹为P—O—C的伸缩振动吸收峰，1200cm⁻¹和935cm⁻¹为P—O—Ph伸缩振动吸收峰和弯曲变形振动吸收峰。—P—N—的特征吸收峰为1160cm⁻¹和1203cm⁻¹，可能与P—O—Ph的吸收峰重合。而3306cm⁻¹处的—OH特征吸收峰在产物中消失。

元素分析结果：DOPO-TPN元素含量理论值C：58.32%；H：3.74%；N：2.62%；P：17.38%。实测值C：58.90%；H：4.06%；N：2.60%；P：16.87%。实测值和理论值基本相符。

由^{1}H–NMR、^{31}P–NMR谱、FTIR光谱和元素分析结果可知合成产物为DOPO-TPN。

二、DOPO-TPN阻燃PET及涤纶织物

（一）DOPO-TPN共混PET的阻燃性能

PET/DOPO-TPN复合物的阻燃性能指标见表4–3。

表4-3　PET/DOPO-TPN复合物的阻燃性能

试样	DOPO-TPN添加量/%	理论磷含量/%	LOI/%	UL-94垂直燃烧性能				
				t_1/t_2 [a]（s）	t_1+t_2 [b]（s）	t_2+t_3 [c]（s）	是否点燃脱脂棉	UL-94等级
PET0	0	0	25.7	NR[d]	NR	NR	是	—
PET5	5	0.84	34.0	0	0	0	否	V-0
PET10	10	1.68	39.2	0	0	0	否	V-0
PET15	15	2.53	42.7	0	0	0	否	V-0

注　a 第一次或第二次点燃余焰时间；b 第一次和第二次点燃总的余焰时间；c 第二次点燃余焰和余燃时间；d 样品燃尽。

从表4-3中数据可知，当DOPO-TPN含量为5%时，PET/DOPO-TPN复合物PET5的LOI达到34.0%。随着DOPO-TPN添加量的增加，复合物的LOI增加，PET15的LOI达到42.7%。所有样条的垂直燃烧性能都达到UL-94 V-0级。可见DOPO-TPN共混于PET可赋予PET优异的阻燃性能。

（二）DOPO-TPN分散液阻燃整理涤纶织物

尝试将DOPO-TPN以后整理的方式用于涤纶阻燃。采用第二章第一节中所述工艺制备DOPO-TPN分散液。分别采用第二章第一节中所述浸渍法和热熔法将制得的DOPO-TPN分散液用于涤纶织物阻燃整理，整理品阻燃效果见表4-4。

表4-4　DOPO-TPN分散液整理涤纶织物的阻燃性能

DOPO-TPN分散液浓度/（g·L^{-1}）	织物上磷含量/（mg·g^{-1}）	LOI/%	5次洗后LOI/%	垂直燃烧		
				损毁长度/cm	续燃时间/s	阴燃时间/s
60[a]	1.38	30.5	30.6	10.8	0	0
100[b]	0.82	27.3	27.2	11.8	0	0
200[b]	1.62	31.2	31.5	10.7	0	0
300[b]	1.88	31.7	31.9	10.3	0	0
未处理		21.3	—	13.7	14.7	0

注　a 浸渍法；b 热熔法。

从表4-4可知，DOPO-TPN分散液分别采用浸渍法和热熔法整理涤纶织物的氧指数都可以达到30%以上，垂直燃烧阻燃性能得到较好改善，损毁长度明显降低，续燃和阴燃时间都为0s，熔滴现象并没有改善。与第二、第三章比较，浸渍法DOPO-TPN整理品的阻燃性能好于DOPO–CH₂OH整理品，低于DOPO和DOPO–CH₃整理品。热熔法得到的阻燃性可达到略高于浸渍法。各试样磷含量都低于2mg/g，反映出磷的加上量较低（参考表3–5）。推测这是由于DOPO–TPN分子体积较大，空间障碍使其不易进入涤纶织物。

采用扫描电子显微镜对分别经过DOPO–TPN 分散液60g/L浸渍法和200g/L热熔法整理后的涤纶织物外观形貌进行观察，结果如图4–7所示。

（a）60g/L浸渍法　　　　　　　　　　　（b）200g/L热熔法

图4–7　DOPO–TPN分散液阻燃整理涤纶织物SEM图

浸渍法和热熔法整理后的涤纶织物表面都未出现阻燃剂的聚集，纤维表面存在少量的细小物质可能为涤纶的低聚物，说明DOPO–TPN在阻燃整理中可以进入涤纶纤维内部，只是受其较大的分子体积影响，进入涤纶纤维内部的DOPO–TPN量非常有限。

（三）DOPO–TPN分散液与分散染料同浴处理涤纶织物

将DOPO–TPN分散液与分散染料采用第二章第一节阻燃染色一浴法工艺处理涤纶织物，其对整理品阻燃效果和分散染料染色性能的影响见表4–5。

表4–5　DOPO–TPN与分散染料同浴处理涤纶织物的阻燃和染色性能

DOPO–TPN分散液浓度/（g·L⁻¹）	分散染料（2%, omf）	LOI/%	K/S值	ΔL	Δa	Δb	色差 ΔE
60	—	30.5	—	—	—	—	—
60	分散红60	31.2	7.7	0.25	−1.80	−0.56	0.83
60	分散黄54	31.4	15.6	−0.89	0.30	−1.48	0.70
60	分散蓝56	30.8	12.0	2.53	−3.10	1.93	2.87
—	分散红60	22.2	8.4	—	—	—	—

续表

DOPO-TPN分散液浓度/（g·L⁻¹）	分散染料（2%, omf）	LOI/%	K/S值	ΔL	Δa	Δb	色差ΔE
—	分散黄54	23.0	16.3	—	—	—	—
—	分散蓝56	23.2	14.6	—	—	—	—
未处理	—	21.3	—	—	—	—	—

由表4-5可知，DOPO-TPN阻燃分散液与分散染料同浴处理涤纶织物，整理品LOI达到31%左右。与三种染料单独染色样的色差，分散红和分散黄都小于1，分散蓝的色差较大为2.87，与第三章中DOPO-CH₂OH和分散染料同浴处理的情形相近，DOPO-TPN可与某些分散染料同浴进行阻燃整理和染色。

三、DOPO-TPN共混阻燃PET和阻燃整理涤纶织物TG分析

测定DOPO-TPN、PET0和PET/DOPO-TPN复合物分别在氮气和空气气氛下的热失重，TG曲线和DTG曲线如图4-8和图4-9所示，TG分析数据见表4-6和表4-7。

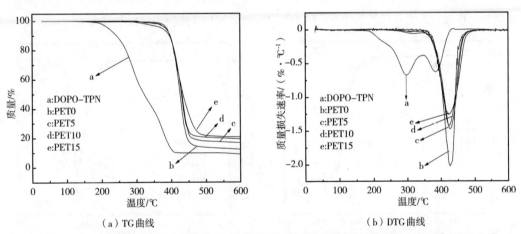

（a）TG曲线　　　　　　　　　　（b）DTG曲线

图4-8　DOPO-TPN、PET0和PET/DOPO-TPN复合物在氮气气氛下的TG曲线和DTG曲线

表4-6　DOPO-TPN、PET0和PET/DOPO-TPN复合物在氮气气氛下的TG分析数据

试样	$T_{5\%}$/℃	T_{max}/℃		最大失重速率/（%·℃⁻¹）		600℃残留物含量/%
		失重1	失重2	失重1	失重2	
DOPO-TPN	270	308	379	0.70	0.65	9.09
PET0	410	427	—	2.02	—	12.36

续表

试样	$T_{5\%}$/℃	T_{max}/℃		最大失重速率/（%·℃$^{-1}$）		600℃残留物含量/%
		失重1	失重2	失重1	失重2	
PET5	399	424	—	1.70	—	16.81
PET10	398	424	—	1.66	—	19.26
PET15	396	423	—	1.47	—	20.95

由图4-8和表4-6可知，PET0、PET5、PET10和PET15在氮气条件下分别各有一次明显的失重，而DOPO-TPN有两个的失重阶段。DOPO-TPN的起始失重温度为270℃，比氮气气氛下DOPO-CH$_2$OH的$T_{5\%}$提高50℃以上，使其能耐受PET共混加工的高温，可以作为PET共混添加型阻燃剂。DOPO-TPN中的环磷腈片断热稳定性高，许多环磷腈在高温下可以发生开环聚合。DOPO-TPN的失重可能包含了DOPO片断失去、DOPO片断中P—C键断裂形成PO·自由基等挥发性组分、剩余部分聚合、进一步降解等复杂过程。其600℃残留物含量达到9.09%，比较高。DOPO-TPN第一失重阶段的T_{max}308℃较PET0的低119℃。PET/DOPO-TPN复合物的$T_{5\%}$和T_{max}都略低于PET0，是由DOPO-TPN的相关温度低于PET的引起。复合物的最大失重速率随DOPO-TPN添加量增加而放缓。复合物的残留物含量随DOPO-TPN添加量增加而增加，表明在氮气条件下，DOPO-TPN可促进PET热裂解过程中成炭。

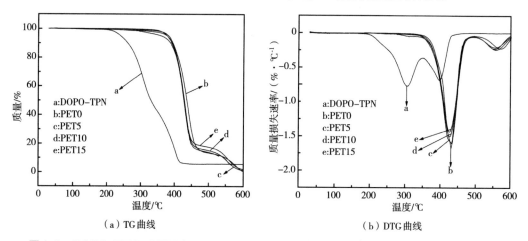

（a）TG曲线　　　　　　　　（b）DTG曲线

图4-9　DOPO-TPN、PET0和PET/DOPO-TPN复合物在空气气氛下的TG曲线和DTG曲线

表4-7　DOPO-TPN、PET0和PET/DOPO-TPN复合物在空气气氛下的TG分析数据

试样	$T_{5\%}$/℃	T_{max}/℃		最大失重速率/（%·℃$^{-1}$）		600℃残留物含量/%
		失重1	失重2	失重1	失重2	
DOPO-TPN	269	306	398	0.77	0.68	5.55

续表

试样	$T_{5\%}$/℃	T_{max}/℃		最大失重速率/（%·℃⁻¹）		600℃残留物含量/%
		失重1	失重2	失重1	失重2	
PET0	400	430	560	1.67	0.23	0.57
PET5	398	429	555	1.62	0.23	0.92
PET10	397	427	554	1.60	0.22	1.36
PET15	395	426	556	1.59	0.22	2.04

由图4-9和表4-7可知，DOPO-TPN、PET0、PET5、PET10和PET15在空气条件下都有两个明显的失重阶段。DOPO-TPN的起始失重温度达到269℃，与氮气气氛下的基本相同。DOPO-TPN第一失重阶段的T_{max}与氮气下的近似，第二失重阶段的稍高，最大失重速率也分别提高。600℃残留物含量为5.55%。DOPO-TPN第一失重阶段的T_{max}比PET0的低124℃。PET5、PET10和PET15的$T_{5\%}$和T_{max}都略低于PET0，同样是由DOPO-TPN较低的相对应温度造成。复合物的6个最大失重速率大多比PET0有所降低，个别的不变。PET5、PET10和PET15在600℃时的残留物含量分别为0.92%、1.36%和2.04%，高于PET0的0.57%，即便扣除DOPO-TPN本身5.55%的残留物含量，DOPO-TPN在空气气氛下对PET成炭略有促进作用。

测定DOPO-TPN、未处理及经DOPO-TPN60g/L浸渍法阻燃整理的涤纶织物分别在氮气和空气气氛下的热失重，TG和DTG曲线如图4-10和图4-11，TG分析数据见表4-8和表4-9。

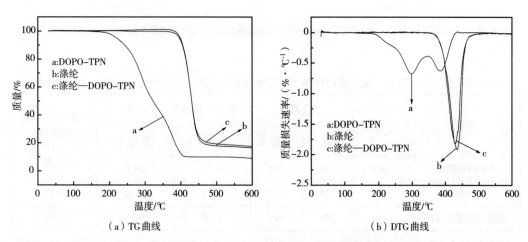

（a）TG曲线   （b）DTG曲线

图4-10　DOPO-TPN、未处理和DOPO-TPN处理涤纶织物在氮气气氛下的TG曲线和DTG曲线

表4-8　DOPO-TPN、未处理和DOPO-TPN处理涤纶织物在氮气气氛下的TG分析数据

试样	$T_{5\%}$/℃	T_{max}/℃		最大失重速率/（%·℃⁻¹）		600℃残留物含量/%
		失重1	失重2	失重1	失重2	
DOPO-TPN	270	308	379	0.70	0.65	9.09
涤纶	406	432	—	1.92	—	16.38
涤纶-DOPO-TPN	404	429	—	1.82	—	17.44

由图4-10和表4-8可知，未处理和DOPO-TPN阻燃涤纶织物在氮气条件下只有一次明显的失重。阻燃涤纶织物的$T_{5\%}$和T_{max}都略低于未处理涤纶，同样与DOPO-TPN较低的对应温度有关。DOPO-TPN在600℃的残留物含量为9.09%，未处理涤纶和阻燃涤纶的残留物含量分别为16.38%和17.44%，因此，在氮气条件下，DOPO-TPN对涤纶织物的成炭有促进作用。

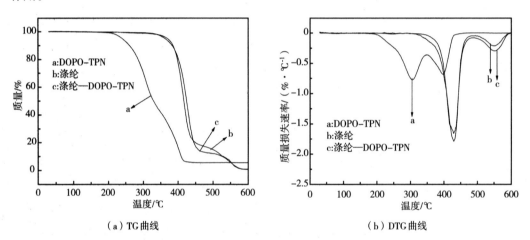

（a）TG曲线　　　　　　　　　　（b）DTG曲线

图4-11　DOPO-TPN、未处理和DOPO-TPN处理涤纶织物在空气气氛下的TG曲线和DTG曲线

表4-9　DOPO-TPN、未处理和DOPO-TPN处理涤纶织物在空气气氛下的TG分析数据

试样	$T_{5\%}$/℃	T_{max}/℃		最大失重速率/（%·℃⁻¹）		600℃残留物含量/%
		失重1	失重2	失重1	失重2	
DOPO-TPN	269	306	398	0.77	0.68	5.55
涤纶	400	428	539	1.79	0.20	0.72
涤纶-DOPO-TPN	398	427	545	1.66	0.29	0.89

由图4-11和表4-9可知，未处理和DOPO-TPN阻燃涤纶织物在空气条件下都有两个明显的失重阶段。阻燃涤纶的$T_{5\%}$和第一失重阶段的T_{max}分别比未处理涤纶的略低，同样是由

DOPO-TPN较低的对应温度带来。阻燃涤纶第一失重阶段最大失重速率较未处理减缓。第二失重阶段阻燃涤纶的 T_{max} 稍高于未处理涤纶的 T_{max}，最大失重速率有所加快。DOPO-TPN在600℃的残留物含量为5.55%，从磷含量计算出阻燃涤纶DOPO-TPN的加上量仅0.8%，而未处理和阻燃涤纶的残留物含量分别为0.72%和0.89%，可见DOPO-TPN同样对涤纶织物在空气条件下成炭略有促进作用。

以上无论在共混PET还是涤纶织物中，在空气和氮气气氛下DOPO-TPN都可不同程度促进这两种PET材料高温下成炭。

四、DOPO-TPN对PET和涤纶织物阻燃机理研究

（一）阻燃PET和涤纶织物Py-GC/MS测试

对PET0和PET15及未处理和经DOPO-TPN60g/L浸渍法阻燃整理的涤纶织物采用Py-GC/MS研究其在600℃热裂解过程中的气相产物。结果分别见表4-10~表4-13。

表4-10　PET0裂解主要气相产物

m/z	产物	时间/s	含量/%
44	CO_2	1.485	17.76
44	CH_3CHO	1.582	19.19
78	C_6H_6	3.123	9.57
148	$C_6H_5COOCH=CH_2$	10.564	4.88
122	C_6H_5COOH	11.638	27.91
154	$C_6H_5C_6H_5$	13.283	5.27
204	$CH_2=CHOCOC_6H_4COOCH=CH_2$	14.833	4.07
270	$C_6H_5COOCH_2CH_2OCOC_6H_5$	19.486	4.7
314	$C_6H_5COOCH_2CH_2COOC_6H_4COOH$	22.455	4.45

表4-11　共混聚酯PET15裂解主要气相产物

m/z	产物	时间/s	含量/%
44	CO_2	1.476	12.31
44	CH_3CHO	1.574	17.1
78	C_6H_6	3.122	5.27
148	$C_6H_5COOCH=CH_2$	10.625	3.93
122	C_6H_5COOH	11.573	22.41

续表

m/z	产物	时间/s	含量/%
154	$C_6H_5C_6H_5$	13.289	1.79
168	$C_6H_4OC_6H_4$	14.712	6.01
204	$CH_2=CHOCOC_6H_4COOCH=CH_2$	14.831	8.44
270	$C_6H_5COOCH_2CH_2OCOC_6H_5$	19.496	2.67
230	$C_{12}H_8O_2PCH_3$	19.826	1.7
215	$C_{12}H_8O_2P^+$	20.252	4.03
245	$C_{12}H_8O_2PCH_2O^+$	20.582	1.79
314	$C_6H_5COOCH_2CH_2COOC_6H_4COOH$	22.448	7.47

PET0和PET15在600℃裂解主要气相产物见表4-10和表4-11。由表中数据可知，PET0的主要气相产物为CO_2、乙醛、苯、联苯和苯甲酸，相对含量分别为17.76%、19.19%、9.57%、5.27%和27.91%。PET15的以上主要裂解产物的相对含量分别为12.31%、17.1%、5.27%、1.79%和22.41%，相比PET0，主要气相产物含量都有所降低，因此，DOPO-TPN的存在可以抑制PET的降解。DOPO-TPN的存在使PET自由基降解过程中形成的联苯含量降低，表明DOPO-TPN可减缓PET自由基降解反应。在PET15的气相降解产物中存在二苯并呋喃，以及甲基化的DOPO、羟甲基化的DOPO正离子和DOPO正离子等含DOPO的碎片。因此，可推断在高温条件下DOPO-TPN会首先分解释出DOPO的羟甲基正离子（DOPO-CH_2O^+），然后DOPO-CH_2O^+会进一步分解形成DOPO-CH_3和DOPO等物质，DOPO失去PO·生成二苯并呋喃。表明在PET15的气相裂解产物中存在含磷的自由基，如PO·和PO_2·。含磷的自由基可与PET燃烧过程中产生的·H和·OH反应，从而抑制引发燃烧的自由基链式反应。因此，DOPO-TPN阻燃PET存在明显的气相机理作用，源自其DOPO部分。

表4-12 未处理涤纶织物裂解主要气相产物

m/z	产物	时间/s	含量/%
44	CO_2	1.507	11.6
44	CH_3CHO	1.57	8.6
78	C_6H_6	2.644	7.98
148	$C_6H_5COOCH=CH_2$	10.13	7.27
154	$C_6H_5C_6H_5$	12.729	7.44
122	C_6H_5COOH	12.976	28.41

m/z	产物	时间/s	含量/%
204	$CH_2=CHOCOC_6H_4COOCH=CH_2$	14.4	1.86
182	$C_6H_5COC_6H_5$	15.386	2.31
180	$C_6H_4COC_6H_4$	16.604	1.63
224	$C_6H_5C_6H_4COOCH=CH_2$	16.927	2.24
230	$C_6H_5C_6H_4C_6H_5$	17.06	2.2
210	$OHCC_6H_4C_6H_4CHO$	17.246	1.07
270	$C_6H_5COOCH_2CH_2OCOC_6H_5$	19.064	12.37
340	$C_6H_5COOCH_2CH_2OCOC_6H_4COOCH=CH_2$	21.978	1.25

表4-13　DOPO-TPN阻燃涤纶织物裂解主要气相产物

m/z	产物	时间/s	含量/%
44	CO_2	1.462	14.48
44	CH_3CHO	1.577	17.28
78	C_6H_6	3.129	12.93
148	$C_6H_5COOCH=CH_2$	10.542	4.76
122	C_6H_5COOH	11.983	27.03
154	$C_6H_5C_6H_5$	13.335	3.63
204	$CH_2=CHOCOC_6H_4COOCH=CH_2$	14.884	2
168	$C_6H_4OC_6H_4$	15.690	0.6
180	$C_6H_4COC_6H_4$	16.861	0.75
270	$C_6H_5COOCH_2CH_2OCOC_6H_5$	19.563	8.49
340	$C_6H_5COOCH_2CH_2OCOC_6H_4COOH$	22.570	4.49

由表4-12和表4-13中数据可知，未处理涤纶织物的主要裂解产物为CO_2、乙醛、苯、联苯和苯甲酸，相对含量分别为11.6%、8.6%、7.98%、7.44%和28.41%。DOPO-TPN阻燃涤纶织物裂解的以上几种主要产物的含量分别为14.48%、17.28%、12.93%、4.76%和27.03%。其中CO_2、乙醛、苯的含量都增加，而联苯和苯甲酸的含量减少。联苯是涤纶自由基降解的主要产物，其含量的减少，说明DOPO-TPN的存在有利于减缓涤纶的自由基降解反应。在DOPO-TPN阻燃涤纶织物裂解产物中存在二苯并呋喃，表明在DOPO-TPN阻燃涤纶裂解的气相产物中同样存在$PO\cdot$和$PO_2\cdot$自由基。因此，DOPO-TPN用于涤纶阻燃也存在气相阻燃作用。

（二）阻燃PET和阻燃涤纶热氧降解残留物的FTIR分析

为了进一步研究DOPO-TPN对PET和涤纶织物是否存在凝聚相阻燃作用，测定PET0和PET15及未处理和经DOPO-TPN 60g/L浸渍法阻燃处理的涤纶织物经加热至特定温度后收集的残留物的FTIR光谱，具体如图4-12~图4-15所示。

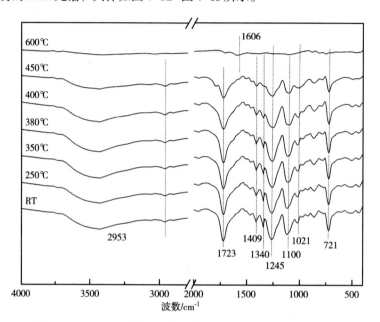

图4-12　PET0马弗炉中加热至特定温度后残留物的FTIR谱图

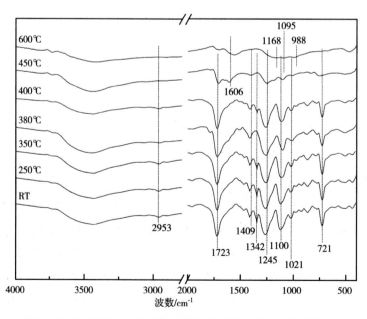

图4-13　PET15马弗炉中加热至特定温度后残留物的FTIR谱图

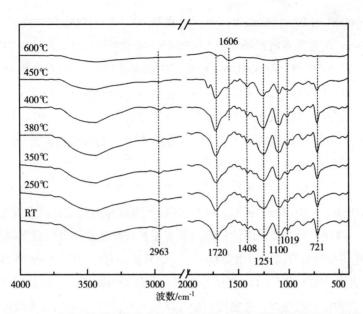

图4-14 未处理涤纶织物马弗炉中加热至特定温度后残留物的FTIR谱图

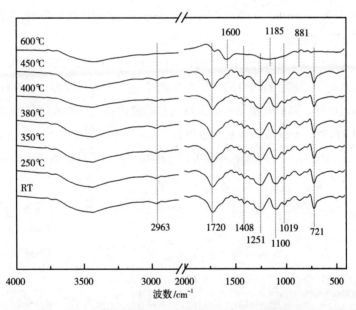

图4-15 DOPO-TPN阻燃涤纶织物马弗炉中加热至特定温度后残留物的FTIR谱图

由图4-12和图4-13可知，PET0和PET15在400℃以下都存在$2953cm^{-1}$处C—H的伸缩振动吸收峰、$1723cm^{-1}$处酯羰基C—O的伸缩振动吸收峰、$1245cm^{-1}$和$1100cm^{-1}$处—COOC—上的C—O伸缩振动吸收峰、$1021cm^{-1}$苯环上的C—H面内弯曲振动吸收峰、$721cm^{-1}$苯环上的C—H面外弯曲振动吸收峰。与PET0比较，PET15在400℃时，其特征吸收峰强度就发生明显的降低，在450℃就出现$1606cm^{-1}$处残炭中芳环的C═C振动吸收峰，而PET0的特征吸收峰强度在450℃才出现明显的降低，600℃才出现$1606cm^{-1}$的C═C吸收峰。此外，在600℃时PET15出现1095cm^{-1}处的P—O—C$_{Ar}$吸收峰和988cm^{-1}处的P—O—P吸收峰，1168cm^{-1}附近出现的宽峰可能为—P＝N—吸收峰。因此，DOPO-TPN热分解会形成磷酸，进而与PET降解产物发生酯化脱水反应而促进成炭。由TG分析可知，在氮气和空气气氛下DOPO-TPN 600℃的残留物含量分别为9.09%和5.55%，DOPO-TPN分子结构中DOPO-CH$_2$O部分和环磷腈部分所占的质量百分比分别为91.6%和8.4%，环磷腈部分具有很好的稳定性，会形成稳定的炭，而在空气高温条件下，部分环磷腈会分解形成磷酸。环磷腈的存在还可促进含磷的化合物快速形成聚磷酸[16-19]。

由图4-14和图4-15可知，未处理涤纶在400℃以下2963cm^{-1}、1720cm^{-1}、1408cm^{-1}、1251cm^{-1}、1100cm^{-1}、1019cm^{-1}和721cm^{-1}处的特征吸收峰的强度都没有发生明显的降低。当处理温度达到450℃时，由于涤纶长链的裂解使其特征吸收峰吸收强度降低。当升温至600℃时，涤纶特征吸收峰消失，出现1606cm^{-1}处残炭中芳环的C＝C振动吸收峰。DOPO-TPN阻燃涤纶织物400℃以下FTIR光谱与未处理的涤纶织物相似。当温度为600℃时，除1600cm^{-1}处出现特征吸收峰外，还出现1185cm^{-1}和881cm^{-1}处新的特征吸收峰，分别为P—O—C$_{Ar}$和P—O—P吸收峰，表明DOPO-TPN热降解时形成的磷酸和聚磷酸与涤纶降解产物发生酯化反应。因此，DOPO-TPN在减缓PET和涤纶自由基降解的同时，分解形成的磷酸和聚磷酸会促进其按酯化脱水成炭这一路径降解。

通过以上分析可知，存在于PET中的DOPO-TPN受热时会分解形成DOPO的羟甲基正离子和羟基取代的环磷腈，DOPO的羟甲基正离子会进一步分解形成DOPO正离子、二苯并呋喃和磷氧自由基，磷氧自由基可以发挥气相阻燃作用。羟基取代的环磷腈会分解形成磷酸，可与PET降解产物反应而成炭，也可自身之间反应形成含—P＝N—的聚合物（低浓度时不易发生）。DOPO-TPN的降解及促进PET材料成炭的反应归纳于图4-16中。

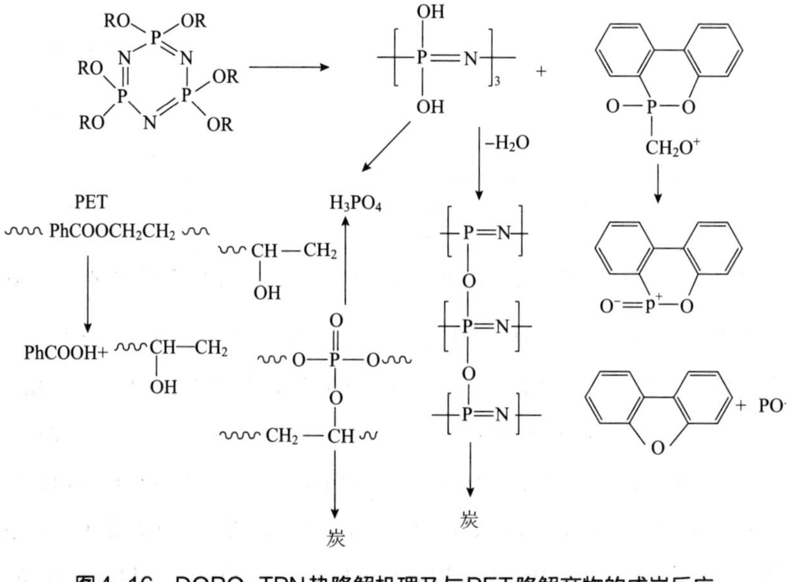

图4-16　DOPO-TPN热降解机理及与PET降解产物的成炭反应

与DOPO、DOPO-CH₂OH用于涤纶阻燃主要通过气相机理起作用而无凝聚相作用不同，DOPO-TPN由于环磷腈部分的存在，用于PET和涤纶的阻燃除了气相阻燃作用还存在凝聚相阻燃作用。

（三）阻燃PET和涤纶织物残炭的炭层形貌

将PET0和PET15及未处理和DOPO-TPN浸渍法阻燃整理的涤纶织物在马弗炉中空气气氛下600℃处理后，收集残炭，用SEM观察其炭层形貌，结果分别如图4-17~图4-20所示。

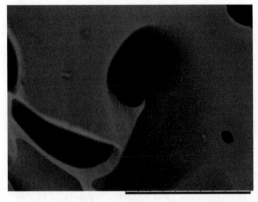

× 300　300μm

图4-17　PET0马弗炉600℃处理后残炭SEM图

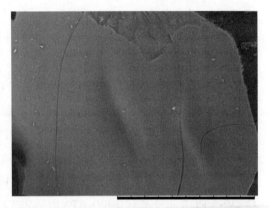

× 300　300μm

图4-18　PET15马弗炉600℃处理后残炭SEM图

× 300　300μm

图4-19　未处理涤纶织物马弗炉600℃处理后残炭SEM图

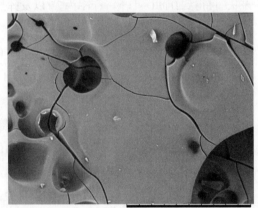

× 300　300μm

图4-20　DOPO-TPN阻燃涤纶织物马弗炉600℃处理后残炭SEM图

由图4-17和图4-19可看出，PET0和未处理涤纶织物600℃处理后残炭表面为膨松多孔炭层表面，不能很好地隔绝热和外部的空气，阻燃效果差。图4-18和图4-20分别显示PET15和阻燃涤纶织物的残炭，其形貌分别与PET0和未处理涤纶织物比较发生明显改变，PET15的炭层表面较平整、连续性好；DOPO-TPN阻燃涤纶织物炭层表面膨松，粗糙程度降低，虽然存在裂痕，但连续性得到改善。因此，DOPO-TPN可提高聚酯和涤纶的炭层的致密程度，减少热和氧气进入材料内部及可燃性气体产物扩散到外部，起到阻燃作用。

结合Py-GC/MS、FTIR光谱和残炭的SEM图谱，可说明DOPO-TPN用于PET的共混阻燃和涤纶织物阻燃整理兼具气相和凝聚相阻燃作用。但是，从涤纶的阻燃效果评判，环磷腈的参与对提效作用不大，或许是受加上量小的影响。

本章小结

本章合成含磷杂菲的环磷腈衍生物DOPO-TPN，期望产生DOPO与环磷腈阻燃协效。相比DOPO-CH$_2$OH，DOPO-TPN起始分解温度提高了50℃以上，适用于以共混方式进行PET的阻燃处理。制备DOPO-TPN共混PET，研究其阻燃性能，将DOPO-TPN用于涤纶织物阻燃整理，并研究其与分散染料同浴处理时涤纶织物的阻燃性能和染色性能。采用热重分析研究PET/DOPO-TPN复合物及DOPO-TPN阻燃整理涤纶织物的热稳定性，并采用Py-GC/MS、FTIR和SEM对DOPO-TPN阻燃PET和涤纶织物的机理进行研究。得出以下结论。

（1）DOPO-CH$_2$OH与六氯环三磷腈在三氯甲烷为溶剂、三乙胺催化条件下回流反应48h，可得到DOPO-TPN，产率为75%。通过^{1}H-NMR、^{31}P-NMR、FTIR光谱和元素分析可知成功合成得到六（磷杂菲-羟甲基）环三磷腈DOPO-TPN。

（2）DOPO-TPN以共混的方式用于PET的阻燃处理可赋予PET优异的阻燃性能。当共混PET中DOPO-TPN的添加量为5%时，LOI可达到34%，垂直燃烧性能可达到UL-94 V-0级。随着添加量增加，阻燃性能进一步提高。

（3）将DOPO-TPN用于涤纶织物阻燃整理时，能较好地改善整理品的阻燃性能。当DOPO-TPN分散液浓度为60g/L时，整理品的LOI可达到30.5%，阻燃性能略高于等浓度的DOPO-CH$_2$OH阻燃整理品，但低于DOPO和DOPO-CH$_3$整理品，熔滴现象并没有得到改善，可能与DOPO-TPN较大的分子体积有关；同样具有好的耐洗性。采用热熔法阻燃整理涤纶织物的阻燃性能可略优于浸渍法。DOPO-TPN阻燃分散液与分散染料同浴处理涤纶织物，整理品LOI可达到31%以上，与单独染色比较色差较小，色差与DOPO-CH$_2$OH同浴处理的相近。因此，DOPO-TPN可与某些分散染料进行阻燃和染色同浴处理。

（4）TGA结果表明，无论是空气还是氮气气氛中，DOPO-TPN共混PET和阻燃涤纶织物分别与未处理PET和未处理涤纶织物比较，起始失重温度都略有降低，主要是由于DOPO-TPN起始失重温度低于PET的引起；最大失重速率大多下降；残留物含量都有增加，表明DOPO-TPN可以促进PET和涤纶织物受热时成炭。

（5）Py-GC/MS结果表明，DOPO-TPN用于PET和涤纶织物阻燃处理，可减缓PET和涤纶的自由基降解反应。共混阻燃PET和阻燃涤纶织物600℃裂解的气相产物中存在二苯并呋喃，为DOPO的分解产物，共混PET的气相产物中还存在甲基化、羟甲基化的DOPO正离子和DOPO正离子碎片，表明DOPO-TPN阻燃的PET和涤纶热裂解时可由DOPO片断产生含磷的自由基PO·和PO_2·，含磷的自由基可抑制燃烧的自由基链式反应，其阻燃机理存在明显的气相阻燃作用。残炭FTIR分析结果表明，DOPO-TPN可分解形成磷酸，与PET和涤纶降解产物发生酯化反应而促进成炭，DOPO-TPN可促进PET和涤纶按此路径降解成炭，有一定的凝聚相阻燃作用。600℃处理后残炭SEM图像表明DOPO-TPN可促进形成较致密和完整的炭层，可减少可燃性气体产物扩散到外部及外部的热和氧气进入材料内部。说明DOPO-TPN用于PET和涤纶阻燃存在凝聚相阻燃作用。因此，与DOPO-CH_2OH本身仅通过气相作用阻燃不同，DOPO-TPN用于PET的共混阻燃和涤纶织物阻燃整理兼具气相和凝聚相阻燃作用。但是，从涤纶阻燃效果评判，还不足以反映环磷腈和磷杂菲有明显的协同阻燃效果。

参考文献

[1] GAAN S, SUN G, HUTCHES K, et al. Effect of nitrogen additives on flame retardant action of tributyl phosphate: phosphorus‐nitrogen synergism[J]. Polymer Degradation and Stability, 2008, 93(1): 99–108.

[2] LEU T S, WANG C S. Synergistic effect of a phosphorus‐nitrogen flame retardant on engineering plastics[J]. Journal of Applied Polymer Science, 2004, 92(1): 410–417.

[3] BAKOŠ D, KOŠIK M, ANTOŠ K, et al. The role of nitrogen in nitrogen‐phosphorus synergism[J]. Fire and Materials, 1982, 6(1): 10–12.

[4] LEVCHIK G F, GRIGORIEV Y V, BALABANOVICH A I, et al. Phosphorus–nitrogen containing fire retardants for poly (butylene terephthalate)[J]. Polymer International, 2000, 49(10): 1095–1100.

[5] BAI Y, WANG X, WU D. Novel cyclolinear cyclotriphosphazene–linked epoxy resin for halogen–free fire resistance: synthesis, characterization, and flammability characteristics[J]. Industrial & Engineering Chemistry Research, 2012, 51(46): 15064–15074.

[6] KONG X, LIU S, YE H, et al. Synthesis and characterization of phenoxy cyclotriphosphazene [J]. Guangzhou Chemical Industry, 2008, 2: 014.

[7] EL Gouri M, EL Bachiri A, HEGAZI S E, et al. Thermal degradation of a reactive flame retardant based on cyclotriphosphazene and its blend with DGEBA epoxy resin[J]. Polymer Degradation and Stability, 2009, 94

(11): 2101–2106.

[8] XU G R, XU M J, LI B. Synthesis and characterization of a novel epoxy resin based on cyclotriphosphazene and its thermal degradation and flammability performance[J]. Polymer Degradation and Stability, 2014, 109: 240–248.

[9] WANG J N, SU X, MAO Z P. The flame retardancy and thermal property of poly(ethylene terephthalate)/cyclotriphosphazene modified by montmorillonite system[J]. Polymer Degradation and Stability, 2014, 109: 154–161.

[10] LIU H, WANG X, WU D. Novel cyclotriphosphazene–based epoxy compound and its application in halogen–free epoxy thermosetting systems: synthesis, curing behaviors, and flame retardancy[J]. Polymer Degradation and Stability, 2014, 103: 96–112.

[11] LI J W, PAN F, XU H, et al. The flame–retardancy and anti–dripping properties of novel poly(ethylene terephalate)/cyclotriphosphazene/silicone composites[J]. Polymer Degradation and Stability, 2014, 110: 268–277.

[12] ZHANG X, ZHANG L P, WU Q, et al. The influence of synergistic effects of hexakis(4–nitrophenoxy) cyclotriphosphazene and POE–g–MA on anti–dripping and flame retardancy of PET[J]. Journal of Industrial and Engineering Chemistry, 2013, 19(3): 993–999.

[13] ZHANG X, ZHONG Y, MAO Z P. The flame retardancy and thermal stability properties of poly(ethylene terephthalate)/hexakis(4–nitrophenoxy) cyclotriphosphazene systems[J]. Polymer Degradation and Stability, 2012, 97(8): 1504–1510.

[14] QIAN L J, YE L J, XU G Z, et al. The non–halogen flame retardant epoxy resin based on a novel compound with phosphaphenanthrene and cyclotriphosphazene double functional groups[J]. Polymer Degradation and Stability, 2011, 96(6): 1118–1124.

[15] 钱立军, 叶龙健, 许国志, 等. 具有磷杂菲和磷腈双效官能团的新型阻燃助剂的合成及表征 [J]. 化工新型材料, 2010, 38(8): 48–50.

[16] QIAN L, YE L, QIU Y, et al. Thermal degradation behavior of the compound containing phosphaphenanthrene and phosphazene groups and its flame retardant mechanism on epoxy resin[J]. Polymer, 2011, 52(24): 5486–5493.

[17] GOURI M, BACHIRI A, HEGAZI S E, et al. Thermal degradation of a reactive flame retardant based on cyclotriphosphazene and its blend with DGEBA epoxy resin[J]. Polymer Degradation and Stability, 2009, 94(11): 2101–2106.

[18] JIANG P, GU X, ZHANG S, et al. Synthesis, characterization, and utilization of a novel phosphorus/nitrogen–containing flame retardant[J]. Industrial and Engineering Chemistry Research, 2015, 54(11): 2974–2982.

[19] XU M J, XU G R, LENG Y, et al. Synthesis of a novel flame retardant based on cyclotriphosphazene and DOPO groups and its application in epoxy resins[J]. Polymer Degradation and Stability, 2016, 123: 105–114.

第五章

含碳源的 DOPO 衍生物合成及应用

第四章的研究表明，DOPO-TPN 对 PET 兼具气相和凝聚相阻燃作用（虽无直接证据显示环磷腈和磷杂菲有明显的协同阻燃效果），它作为共混添加型阻燃剂可赋予 PET 优异的阻燃性，但通过后整理的方式用于涤纶阻燃，阻燃效果不尽理想，且熔滴现象并没有得到改善，可能与 DOPO-TPN 较大的分子体积有关。本章继续探索兼具气相和凝聚相阻燃作用的 DOPO 衍生物。

有研究表明，对于不易成炭的热塑性高聚物，磷系阻燃剂的成炭作用不是很有效，因此，在不易成炭的聚合物中引入外部的成炭剂（即碳源）将有助于发挥磷系阻燃剂的成炭作用[3]。

成炭作用是膨胀阻燃体系所包含的一种阻燃作用。在膨胀阻燃体系中主要有酸源、碳源和气源。碳源一般为含碳量高的多羟基化合物，如淀粉、季戊四醇和新戊二醇等[4-6]。由多羟基化合物与含磷化合物合成的含碳源的含磷环状化合物具有很好的成炭作用，而发挥凝聚相阻燃作用。Mauric 等[7-9]合成了一系列的含多羟基化合物的含磷环状磷酸酯阻燃剂，用于聚酯等阻燃，可获得很好的阻燃性能。Vothi[10]合成了一种基于间苯三酚和2-氯-5,5-二甲基-2-氧-1,3,2-二氧磷杂环己烷（DOPC）的阻燃剂（PCDMPP）用于聚碳酸酯的阻燃，当 PCDMPP 的添加量为 5% 时，聚碳酸酯垂直燃烧性能可达到 UL-94 V-0 级，其阻燃性能优于添加间苯二酚-双（二苯基磷酸酯）（RDP）的聚碳酸酯阻燃性能。

将 DOPO 与 DOPC 结合得到含碳源的阻燃剂，同时获得气相和凝聚相阻燃作用，且阻燃剂分子体积较小，以后整理的方式用于涤纶阻燃可能可以克服 DOPO-TPN 较大分子体积的缺陷。用 DOPO—CH$_2$OH 与 DOPC 反应合成2-磷杂菲-羟甲基-5,5-二甲基-2-氧-1,3,2-二氧磷杂环己烷（DOPO-DOPC）。将 DOPO-DOPC 以共混的方式用于 PET 的阻燃，并将 DOPO-DOPC 用于涤纶织物的阻燃整理。研究 DOPO-DOPC 用于 PET 和涤纶织物的阻燃性能，探讨阻燃机理。并将 DOPO-DOPC 与其他衍生物及 DOPO 进行比较，且与涤纶用商品含磷阻燃剂进行比较。

第一节　实验部分

一、材料、化学品和仪器

原料：PET颗粒，购自江苏仪征化纤有限公司。

织物：纯涤纶针织物（110g/m²），购自上海新纺联汽车内饰有限公司。

实验所用主要化学品见表5-1，所用设备和仪器见表5-2。

表5-1　主要化学品

药品名称	规格	生产厂家
DOPO	工业品	江阴市涵丰科技有限公司
分散剂	工业品	上海新力纺织化学品有限公司
保护胶	工业品	上海新力纺织化学品有限公司
甲醛水溶液	化学纯	国药集团化学试剂有限公司
新戊二醇	化学纯	国药集团化学试剂有限公司
丙酮	化学纯	上海云丽经贸有限公司
三氯甲烷	化学纯	上海凌峰化学试剂有限公司
三氯氧磷	分析纯	国药集团化学试剂有限公司
三乙胺	化学纯	国药集团化学试剂有限公司
渗透剂JFC	工业品	江苏省海安石油化工厂
分散红60	工业品	上海安诺其集团股份有限公司
分散黄54	工业品	上海安诺其集团股份有限公司
分散蓝56	工业品	上海安诺其集团股份有限公司
连二亚硫酸钠	化学纯	国药集团化学试剂有限公司
氢氧化钠	化学纯	国药集团化学试剂有限公司
标准合成洗涤剂	纺织品试验专用	上海白猫专用化学品有限公司

表5-2　主要设备和仪器

仪器名称	型号	生产厂家
双螺杆挤出机	SJZS-10A	武汉瑞鸣实验仪器有限公司
实验注塑机	DHS	上海德弘橡塑机械有限公司
球磨机	QM3SP2	南京南大仪器有限公司

仪器名称	型号	生产厂家
高温油浴染色机	H-12F	台湾Rapid公司
洗衣机	3LWTW4840YW	［美国］Whirlpool公司
干衣机	3SWED4800YQ	［美国］Whirlpool公司
织物阻燃性能测试仪	YG（B）815D-I	温州市大荣纺织仪器有限公司
高温氧指数测试仪	FAA	［意大利］ATSFAAR公司
热重分析仪	TG 209F1	［德国］NETZSCH公司
激光粒度分析仪	LS13320	［美国］贝克曼库尔特公司
电脑测色配色仪	Datacolor 650	［美国］Datacolor公司
热裂解仪	PY-2020iD	［日本］Frontier公司
气质联用仪	QP2010	［日本］岛津公司
傅里叶变换红外光谱仪	Avatar 380	［美国］Thermo Electron公司
扫描电子显微镜	TM-1000	［日本］Hitachi公司
核磁共振仪	AV400	［德国］Bruker公司
元素分析仪	Vario EL III	［德国］Elmentar公司
电感耦合等离子体原子发射仪	Prodigy	［美国］Leeman公司

二、DOPO-DOPC合成

DOPO-DOPC的合成分三步反应进行，第一步仍然是DOPO与甲醛反应生成DOPO-CH_2OH，第二步新戊二醇与三氯氧磷反应生成2-氯-5，5-二甲基-2-氧-1，3，2-二氧磷杂环己烷（DOPC），第三步DOPO-CH_2OH与DOPC反应生成2-磷杂菲-羟甲基-5，5-二甲基-2-氧-1，3，2-二氧磷杂环己烷（DOPO-DOPC）。新戊二醇与三氯氧磷生成DOPC的反应和DOPO-CH_2OH与DOPC的反应都是磷氯键与羟基的反应，其反应机理为SN2取代反应。

（一）DOPO-CH_2OH的合成

其合成方法如第三章所述。

（二）DOPC的合成

合成DOPC的反应如图5-1所示。将10.4g（0.1mol）新戊二醇和100mL三氯甲烷加入装有机械搅拌器、温度计、滴液漏斗和冷凝管的250mL四口烧瓶中，加热至60℃使新戊二醇完全溶解，缓慢滴加15.35g（0.1mol）三氯氧磷，在1h左右加完，保持60℃下反应6h，直至氯化氢完全放出，旋转蒸发除去三氯甲烷，得到白色固体产物[11]，产率为98%。

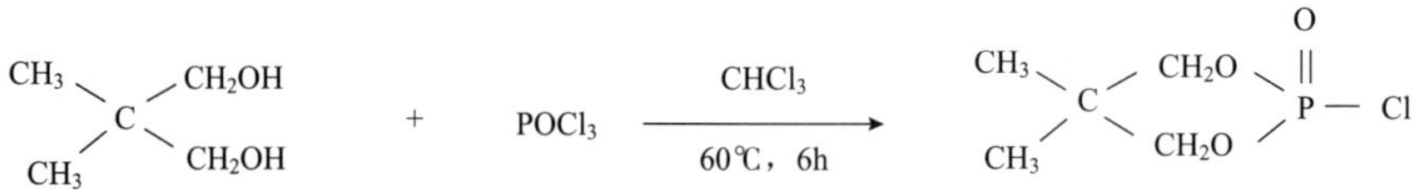

图5-1　DOPC合成反应

（三）DOPO-DOPC的合成

由DOPO-CH₂OH和DOPC合成DOPO-DOPC的反应如图5-2所示。将100mL三氯甲烷加入带有机械搅拌器、温度计、滴液漏斗和冷凝管的250mL四口烧瓶中，再向其中加入12.3g（0.05mol）DOPO-CH₂OH和9.225g（0.05mol）DOPC，反应混合物加热至回流。逐滴加入5.05g（0.05mol）三乙胺，1h左右加完，保持在回流下继续搅拌反应8h、16h或24h。反应结束后，过滤除去未反应的物质，收集的液体用旋转蒸发仪除去三氯甲烷，得到黏稠状物。加入丙酮析出固体物质，抽滤得到白色固体物质，蒸馏水洗涤，采用丙酮重结晶，在烘箱中100℃烘8h得到白色固体产物，反应8h、16h或24h对应的产率分别为52%、71%和88%。

图5-2　DOPO-DOPC合成示意

采用以上合成方法可以得到DOPO-DOPC，反应24h的产率可以达到88%，因此，后续合成采用以上方法，反应时间为24h。

三、合成物结构表征

合成物通过傅里叶红外光谱（FTIR）、核磁共振（NMR）、元素分析（EA）表征，具体的测试方法如第三章第一节所述。

四、共混阻燃PET制备

共混阻燃PET的制备方法如第四章第一节所述。无阻燃剂的PET和DOPO-DOPC的添加量为1.6%、5%和10%（对应的磷含量约为0.25%、0.78%和1.57%）的共混PET分别命名为PET0、PET1、PET2和PET3。

五、阻燃剂分散液制备

制备方法如第三章第一节所述。

六、涤纶织物阻燃整理或阻燃剂和分散染料同浴处理

整理工艺如第二章第二节所述。

七、材料性能测试

共混阻燃 PET 极限氧指数和垂直燃烧性测试如第四章第一节所述。涤纶织物阻燃性能、同浴染色的织物的 K/S 值和色差及阻燃效果、耐洗性如第二章第一节所述。

织物和残炭磷含量测定、热重分析（TGA）、热裂解—气相色谱/质谱联用（Py-GC/MS）分析、PET 和涤纶热氧降解残留物 FTIR 分析、有关形貌的扫描电子显微镜（SEM）分析如第二章第一节所述。

第二节　结果与讨论

一、合成 DOPO-DOPC 产物结构表征

合成 DOPO-DOPC 产物通过 ^{1}H-NMR、^{31}P-NMR、FTIR 光谱和元素分析表征。合成产物和 DOPC 的 ^{1}H-NMR、^{31}P-NMR 谱图及产物和 DOPO-CH$_2$OH 的 FTIR 谱如图 5-3~图 5-5 所示。

由图 5-3 ^{1}H-NMR（CDCl$_3$）谱图可知：化学位移 0.93，1.34 为 DOPO-DOPC 中两个—CH$_3$ 的 6 个 H，化学位移 3.97~4.06，4.23~4.27 为两个 C—CH$_2$—O 中的 4 个 H，以上几处与 DOPC 中的比较变化不大。化学位移 4.48 为

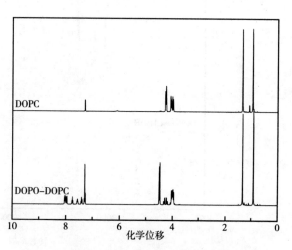

图 5-3　DOPO-DOPC 和 DOPC 的 ^{1}H-NMR 谱图

P—CH₂O—P中的2个H，化学位移7.26~8.05为苯环上的8个H，7.27处有CDCl₃的氘代氢化学位移，而位于5.60处DOPO–CH₂OH中—OH的H化学位移（图4–4）消失了，说明合成产物为DOPO–DOPC。

由图5–4 ³¹P–NMR谱图可知，DOPC仅存在化学位移为–2.56的单峰，而合成产物存在化学位移为31.65和–21.15两个特征峰，分别对应DOPO片断中的P和DOPC片断中的P。

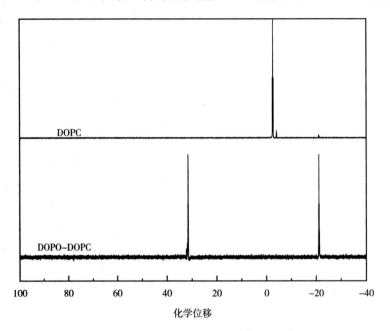

图5-4 DOPO–DOPC和DOPC的³¹P–NMR谱图

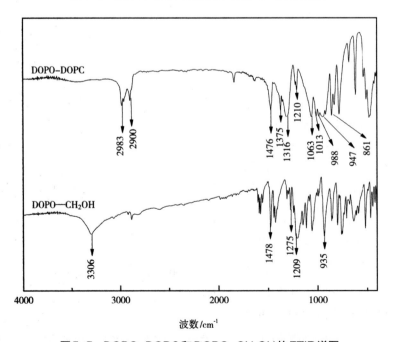

图5-5 DOPO–DOPC和DOPO–CH₂OH的FTIR谱图

图5-5合成产物的红外光谱中2900~2990cm^{-1}处吸收峰为—CH$_3$和—CH$_2$伸缩振动吸收峰，1476cm^{-1}为P—Ph伸缩振动吸收峰，1375cm^{-1}为—C（CH$_3$）$_2$骨架振动吸收峰，1316cm^{-1}为P=O伸缩振动吸收峰，1063cm^{-1}和1013cm^{-1}为P—O—C的伸缩振动吸收峰，1210cm^{-1}和947cm^{-1}为P—O—Ph伸缩振动吸收峰和弯曲变形振动吸收峰，861cm^{-1}为环状磷酸酯的骨架振动吸收峰。3306cm^{-1}处的—OH特征吸收峰消失，说明合成产物为DOPO-DOPC。

元素分析结果：DOPO-DOPC元素含量理论值C：54.82%；H：5.07%；P：15.73%；实测值C：54.13%；H：5.30%；P：15.18%；实测值和理论值基本相符。

由^{1}H-NMR、^{31}P-NMR谱图、FTIR光谱图和元素分析结果，可得出合成产物为DOPO-DOPC。

二、DOPO-DOPC共混阻燃PET和阻燃整理涤纶织物的阻燃性能

（一）DOPO-DOPC共混阻燃PET阻燃性能

将DOPO-DOPC共混于PET制得PET/DOPO-DOPC复合物，阻燃性能见表5-3。从表可见，当磷含量分别为0.25%、0.78%和1.52%时，复合物的LOI分别可达到32.7%、36.3%和42.8%，垂直燃烧都达到UL-94 V-0级。与第四章中PET/DOPO-TPN复合物比较，PET/DOPO-DOPC中磷含量分别为0.78%、1.52%时的LOI 36.3%、42.8%分别高于PET/DOPO-TPN中磷含量为0.84%、2.53%时的LOI 34.0%、42.7%。因此，DOPO-DOPC对PET具有高效的阻燃性能，较少的添加量就能赋予PET很好的阻燃性能，且DOPO-DOPC的阻燃性能优于DOPO-TPN。

表5-3　PET/DOPO-DOPC复合物的阻燃性能

试样	理论磷含量/%	LOI/%	UL-94垂直燃烧性能				
			$t_1/t_2{}^a$/s	$t_1+t_2{}^b$/s	$t_2+t_3{}^c$/s	是否点燃脱脂棉	UL-94等级
PET0	0	25.7	NR^d	NR	NR	是	—
PET1	0.25	32.7	0	0	0	否	V-0
PET2	0.78	36.3	0	0	0	否	V-0
PET3	1.52	42.8	0	0	0	否	V-0

注　a第一次或第二次点燃余焰时间；b第一次和第二次点燃总的余焰时间；c第二次点燃余焰和余燃时间；d样品燃尽。

（二）DOPO-DOPC分散液阻燃整理涤纶织物

继续尝试将DOPO-DOPC以后整理的方式施加于涤纶织物。采用第二章第一节所述工

艺制备DOPO–DOPC分散液。分别采用第二章第一节所述浸渍法和热熔法将制得的DOPO–DOPC分散液用于涤纶织物阻燃整理，整理品阻燃效果见表5–4。

表5–4　DOPO–DOPC分散液整理涤纶织物的阻燃性能

DOPO-DOPC 分散液浓度/ ($g \cdot L^{-1}$)	织物磷含量/ ($mg \cdot g^{-1}$)	LOI/%	5次洗后 LOI/%	垂直燃烧性能		
				损毁长度/cm	续燃时间/s	阴燃时间/s
60[a]	2.01	32.3	32.8	9.8	0	0
100[b]	1.01	27.6	28.3	11.6	0	0
200[b]	2.26	32.5	32.8	10.2	0	0
300[b]	2.37	32.8	33.4	10.1	0	0
未处理	—	21.3	—	13.7	14.7	0

注　a 浸渍法；b 热熔法。

从表5–4可知，DOPO–DOPC分散液分别采用浸渍法和热熔法整理后涤纶织物的LOI都可以达到32%以上。热熔法整理品的LOI随着DOPO–DOPC分散液浓度的增加而增大，当浓度为200g/L时，LOI为32.5%，继续增加DOPO–DOPC浓度，LOI提高不大，从磷含量看出阻燃剂加上量提高也不大。两种方法处理的整理品的垂直燃烧阻燃性能也得到较好改善，续燃时间和阴燃时间都为0s，损毁长度最低可小于10cm，且观察到整理后的涤纶织物熔滴现象有所减弱。因此，DOPO–DOPC可以赋予涤纶织物很好的阻燃性能。同时，整理品磷含量可达到2mg/g以上，大大高于DOPO–TPN整理品。

扫描电子显微镜观察DOPO–DOPC分散液60g/L浸渍法和200g/L热熔法整理后的涤纶织物形貌，结果如图5–6所示。

（a）60g/L浸渍法　　　　　　　　　　　　　（b）200g/L热熔法

图5–6　DOPO–DOPC分散液阻燃整理涤纶织物SEM图

由图5-6可知，浸渍法和热熔法整理后的涤纶织物表面都未出现阻燃剂的聚集，纤维表面存在少量的细小物质可能为涤纶纤维的低聚物，说明DOPO-DOPC进入涤纶纤维内部。DOPO-DOPC进入涤纶纤维内部的量高于DOPO-TPN的，可能与其较DOPO-TPN分子体积小有关。

（三）DOPO-DOPC分散液与分散染料同浴处理涤纶

将DOPO-DOPC分散液与分散染料采用第二章第一节阻燃染色同浴法工艺处理涤纶，其对整理品阻燃效果和分散染料染色性能的影响见表5-5。

表5-5　DOPO-DOPC与分散染料同浴处理涤纶织物的阻燃和染色性能

DOPO-DOPC分散液浓度/（g·L⁻¹）	分散染料（2%, omf）	LOI/%	K/S值	ΔL	Δa	Δb	色差 ΔE
60	—	32.0	—	—	—	—	—
60	分散红60	31.9	7.9	0.09	−1.25	−0.57	0.59
60	分散黄54	32.5	15.6	−0.56	0.15	−1.09	0.40
60	分散蓝56	32.2	12.8	2.50	−2.66	1.51	2.35
—	分散红60	22.2	8.4	—	—	—	—
—	分散黄54	23.0	16.3	—	—	—	—
—	分散蓝56	23.2	14.3	—	—	—	—
未处理	—	21.3	—	—	—	—	—

由表5-5可知，DOPO-DOPC阻燃分散液与分散染料同浴处理涤纶织物，整理品LOI达到32%左右。与三种染料单独染色样的色差，分散红和分散黄都小于1，分散蓝的色差较大为2.35，与第三章中DOPO-CH₂OH染色同浴处理的色差相近，优于DOPO同浴染色时的色差。因此，DOPO-DOPC也可与某些分散染料用于阻燃和染色同浴处理工艺。

三、阻燃PET和阻燃整理涤纶织物的TG分析

测定DOPO-DOPC、PET0和PET/DOPO-DOPC复合物分别在氮气和空气气氛下的热失重，TG和DTG曲线如图5-7和图5-8所示，TG分析数据见表5-6和表5-7。

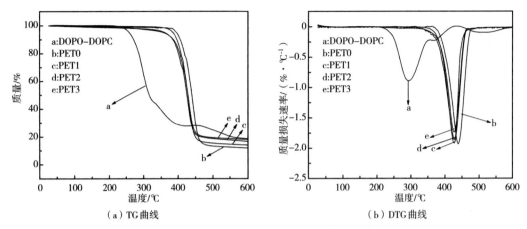

图5-7　DOPO-DOPC、PET0和PET/DOPO-DOPC复合物在氮气气氛下的TG曲线和DTG曲线

表5-6　DOPO-DOPC、PET0和PET/DOPO-DOPC复合物在氮气气氛下的TG分析数据

试样	$T_{5\%}$/℃	T_{max}/℃		最大失重速率/（%·℃⁻¹）		600℃残留物含量/%
		失重1	失重2	失重1	失重2	
DOPO-DOPC	279	310	585	0.88	0.10	18.73
PET0	410	427		2.02		12.36
PET1	402	430		1.95		14.52
PET2	400	430		1.86		16.10
PET3	391	428		1.82		18.63

　　由图5-7和表5-6可知，PET0、PET1、PET2和PET3在氮气条件下只有一次明显的失重，而DOPO-DOPC有两个明显的失重阶段。DOPO-DOPC的$T_{5\%}$为279℃，能适应与PET共混加工。第一失重阶段T_{max}310℃与第四章DOPO-TPN的308℃接近，因此，判断其与DOPO片断的失去有关；第二次失重T_{max}相当高，但在370℃左右还有一个肩峰，与DOPO-TPN第二失重阶段的T_{max}相接近。600℃时，DOPO-DOPC的残留物含量为18.73%，自身成炭性能高于DOPO-TPN。PET1、PET2和PET3的$T_{5\%}$比PET0的$T_{5\%}$低8~19℃，可能是由DOPO-DOPC较低的起始失重温度引起，可能还有别的原因。PET/DOPO-DOPC复合物的最大失重速率较PET0下降。PET0、PET1、PET2和PET3的残留物含量分别为12.36%、14.52%、16.10%和18.63%，可见在氮气条件下，DOPO-DOPC共混PET的残留物含量增加明显。

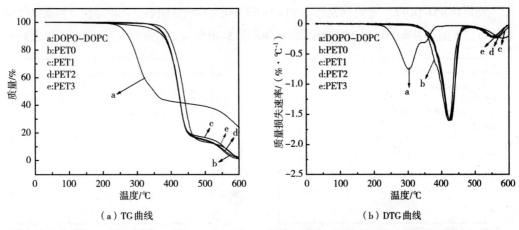

（a）TG曲线　　　　　　　　　　（b）DTG曲线

图5-8　DOPO-DOPC、PET0和PET/DOPO-DOPC复合物在空气气氛下的TG曲线和DTG曲线

表5-7　DOPO-DOPC、PET0和PET/DOPO-DOPC复合物在空气气氛下的TG分析数据

试样	$T_{5\%}$/℃	T_{max}/℃		最大失重速率/（%·℃$^{-1}$）		600℃残留物含量/%
		失重1	失重2	失重1	失重2	
DOPO-DOPC	275	305	576	0.75	0.24	14.72
PET0	400	430	560	1.67	0.23	0.57
PET1	393	426	564	1.64	0.22	1.06
PET2	391	427	562	1.60	0.22	1.75
PET3	391	428	561	1.60	0.21	2.18

　　由图5-8和表5-7可知，DOPO-DOPC、PET0、PET1、PET2和PET3在空气条件下都有两个明显的失重阶段，其中DOPO-DOPC的$T_{5\%}$达到275℃，与氮气条件下相似，热稳定性较第四章的DOPO、DOPO-CH$_2$OH和DOPO-CH$_3$明显提高，也略高于DOPO-TPN，满足热熔注塑要求。DOPO-DOPC第二失重阶段的T_{max}与氮气下的相似，也相当高；在360℃左右似乎有一肩峰。PET1、PET2和PET3的$T_{5\%}$都低于PET0，原因应与氮气条件下的相同。DOPO-DOPC第一失重阶段的T_{max}比PET0的T_{max}低125℃。PET1、PET2和PET3第一失重阶段的最大失重速率较PET0下降。PET1、PET2和PET3第二失重阶段的T_{max}略高于PET0，因此，DOPO-DOPC可以提高复合物所成炭的高温热氧化稳定性。DOPO-DOPC在600℃时的残留物含量为14.72%（从DTG线看此温度下分解还在继续进行），而PET0、PET1、PET2和PET3的残留物含量分别为0.57%、1.06%、1.75%和2.18%，共混PET的残留物含量略有增加，表明在空气条件下DOPO-DOPC也可促进PET成炭。

测定DOPO-DOPC、未处理及经DOPO-DOPC 60g/L浸渍法阻燃整理的涤纶分别在氮气和空气气氛下的热失重，TG和DTG曲线如图5-9和图5-10所示，TG分析数据见表5-8和表5-9。

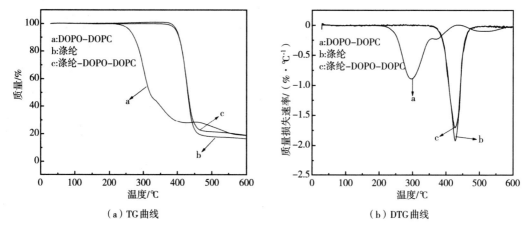

（a）TG曲线　　　　　　　　　（b）DTG曲线

图5-9　DOPO-DOPC、未处理涤纶织物和阻燃涤纶织物在氮气气氛下的TG曲线和DTG曲线

表5-8　DOPO-DOPC、未处理涤纶织物和阻燃涤纶织物在氮气气氛下的TG分析数据

试样	$T_{5\%}$/℃	T_{max}/℃		最大失重速率/（%·℃⁻¹）		600℃残留物含量/%
		失重1	失重2	失重1	失重2	
DOPO-DOPC	279	310	585	0.88	0.10	18.73
涤纶	406	432		1.92		16.38
涤纶-DOPO-DOPC	404	429		1.70		18.93

由图5-9和表5-8可知，未处理和阻燃涤纶织物在氮气条件下只有一次明显的失重。阻燃涤纶织物的$T_{5\%}$和T_{max}都略低于未处理涤纶织物，同样与DOPO-DOPC较低的相对应温

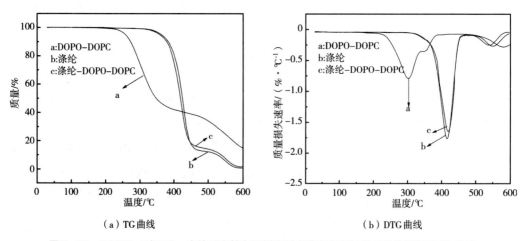

（a）TG曲线　　　　　　　　　（b）DTG曲线

图5-10　DOPO-DOPC、未处理涤纶和阻燃涤纶在空气气氛下的TG曲线和DTG曲线

度有关。阻燃涤纶的最大失重速率较未处理的下降。600℃时，未处理涤纶织物和阻燃涤纶织物的残留物含量分别为16.38%和18.93%，与共混PET的测定结果相似，在氮气条件下，DOPO-DOPC阻燃涤纶织物的残留物含量明显增加。

表5-9　DOPO-DOPC、未处理涤纶和阻燃涤纶在空气气氛下的TG分析数据

试样	$T_{5\%}$/℃	T_{max}/℃		最大失重速率/（%·℃⁻¹）		600℃残留物含量/%
		失重1	失重2	失重1	失重2	
DOPO-DOPC	275	305	576	0.75	0.24	14.72
涤纶	400	428	539	1.79	2.10	0.72
涤纶-DOPO-DOPC	397	427	550	1.59	2.21	1.56

由图5-10和表5-9可知，未处理和DOPO-DOPC阻燃涤纶织物在空气条件下也有两个明显的失重阶段。阻燃涤纶的$T_{5\%}$和第一失重阶段T_{max}分别比未处理涤纶略有降低。阻燃涤纶第一失重阶段的最大失重速率降低。第二失重阶段阻燃涤纶的T_{max}高于未处理涤纶，与PET的结果相似，DOPO-DOPC可以提高炭的高温热氧化稳定性。DOPO-DOPC在600℃时的残留物含量为14.72%，未处理和阻燃涤纶的残留物含量分别为0.72%和1.56%，表明在空气条件下，DOPO-DOPC也能促进涤纶织物成炭。以上无论在共混PET还是涤纶织物中，在空气和氮气气氛下DOPO-DOPC都可促进这两种PET材料高温下成炭。

四、DOPO-DOPC对PET和涤纶织物阻燃机理研究

（一）阻燃PET和涤纶的Py-GC/MS测试

对PET0和PET3及未处理和经DOPO-DOPC 60g/L浸渍法阻燃整理的涤纶织物，采用Py-GC/MS研究其在600℃热降解过程中产生的气相产物。结果分别见表5-10~表5-13。

表5-10　PET0裂解主要气相产物

m/z	产物	时间/min	含量/%
44	CO_2	1.485	17.76
44	CH_3CHO	1.582	19.19
78	C_6H_6	3.123	9.57
148	$C_6H_5COOCH=CH_2$	10.564	4.88

m/z	产物	时间/min	含量/%
122	C_6H_5COOH	11.638	27.91
154	$C_6H_5C_6H_5$	13.283	5.27
204	$CH_2{=}CHOCOC_6H_4COOCH{=}CH_2$	14.833	4.07
270	$C_6H_5COOCH_2CH_2OCOC_6H_5$	19.486	4.7
314	$C_6H_5COOCH_2CH_2COOC_6H_4COOH$	22.455	4.45

表5-11 PET3裂解主要气相产物

m/z	产物	时间/min	含量/%
44	CO_2	1.48	13.02
44	CH_3CHO	1.572	12.76
78	C_6H_6	3.125	6.37
148	$C_6H_5COOCH{=}CH_2$	10.534	4.86
122	C_6H_5COOH	11.743.	32.18
154	$C_6H_5C_6H_5$	13.282	2.43
168	$C_6H_4OC_6H_4$	14.714	1.38
204	$CH_2{=}CHOCOC_6H_4COOCH{=}CH_2$	14.831	5.82
180	$C_6H_4COC_6H_4$	16.792	1.92
270	$C_6H_5COOCH_2CH_2OCOC_6H_5$	19.482	2.78
230	$C_6H_8O_2PCH_3$	19.828	0.72
245	$C_6H_8O_2PCH_2PO^+$	20.285	0.85
314	$C_6H_5COOCH_2CH_2COOC_6H_4COOH$	22.448	8.51

由表5-10和表5-11中数据可知，PET0的主要气相产物为CO_2、乙醛、苯、联苯和苯甲酸，相对含量分别为17.76%、19.19%、9.57%、5.27%和27.91%，PET3的上述主要裂解产物的相对含量分别为13.02%、12.76%、6.37%、2.43%和32.18%。裂解产物中CO_2、乙醛、苯、联苯的含量都降低，而苯甲酸的含量增加。PET自由基降解过程中形成的联苯含量的降低，表明DOPO-DOPC可减缓PET自由基降解反应。PET3的气相降解产物中存在二苯并呋喃以及甲基化的DOPO和羟甲基化的DOPO正离子等含DOPO的碎片，可推断PET/DOPO-DOPC复合物在高温条件下DOPO-DOPC会首先分解成DOPO的羟甲基正离子（DOPO-CH_2O^+），然

后DOPO-CH$_2$O$^+$会进一步分解形成DOPO-CH$_3$和DOPO等物质，DOPO会失去PO·生成二苯并呋喃，含磷的自由基可与PET裂解过程中产生的·H和·OH反应，从而抑制引发燃烧的自由基链式反应。因此，DOPO-DOPC阻燃PET存在明显的气相机理作用。

表5-12　未处理涤纶织物裂解主要气相产物

m/z	产物	时间/min	含量/%
44	CO$_2$	1.507	11.6
44	CH$_3$CHO	1.57	8.6
78	C$_6$H$_6$	2.644	7.98
148	C$_6$H$_5$COOCH=CH$_2$	10.13	7.27
154	C$_6$H$_5$C$_6$H$_5$	12.729	7.44
122	C$_6$H$_5$COOH	12.976	28.41
204	CH$_2$=CHOCOC$_6$H$_4$COOCH=CH$_2$	14.4	1.86
182	C$_6$H$_5$COC$_6$H$_5$	15.386	2.31
180	C$_6$H$_4$COC$_6$H$_4$	16.604	1.63
224	C$_6$H$_5$C$_6$H$_4$COOCH=CH$_2$	16.927	2.24
230	C$_6$H$_5$C$_6$H$_4$C$_6$H$_5$	17.06	2.2
210	OHCC$_6$H$_4$C$_6$H$_4$CHO	17.246	1.07
270	C$_6$H$_5$COOCH$_2$CH$_2$OCOC$_6$H$_5$	19.064	12.37
340	C$_6$H$_5$COOCH$_2$CH$_2$OCOC$_6$H$_4$COOCH=CH$_2$	21.978	1.25

表5-13　DOPO-DOPC阻燃涤纶织物裂解主要气相产物

m/z	产物	时间/s	含量/%
44	CO$_2$	1.482	15.84
44	CH$_3$CHO	1.573	16.99
78	C$_6$H$_6$	3.119	11.44
148	C$_6$H$_5$COOCH=CH$_2$	10.544	4.77
122	C$_6$H$_5$COOH	11.925	30.44
154	C$_6$H$_5$C$_6$H$_5$	13.33	3.29
204	CH$_2$=CHOCOC$_6$H$_4$COOCH=CH$_2$	14.881	2.3
168	C$_6$H$_4$OC$_6$H$_4$	15.733	0.4
180	C$_6$H$_4$COC$_6$H$_4$	16.863	0.55

续表

m/z	产物	时间/s	含量/%
270	$C_6H_5COOCH_2CH_2OCOC_6H_5$	19.557	4.82
462	$C_6H_5COOCH_2CH_2OCOC_6H_4COOCH_2CH_2OCOC_6H_5$	22.575	4.15

由表5-12和表5-13中数据可知,未处理涤纶织物的主要气相产物为CO_2、乙醛、苯、联苯和苯甲酸,相对含量分别为11.6%、8.6%、7.98%、7.44%和28.41%。DOPO-DOPC阻燃涤纶织物裂解产物中以上几种的含量分别为15.84%、16.99%、11.44%、3.29%和30.44%。主要的气相产物中CO_2、乙醛、苯和苯甲酸的含量都增加,而联苯的含量减少。联苯含量的减少,也说明DOPO-DOPC的存在有利于减缓涤纶的自由基降解反应。在DOPO-DOPC阻燃涤纶织物的气相裂解产物中也存在二苯并呋喃,同样也表明阻燃涤纶气相裂解产物中存在$PO\cdot$和$PO_2\cdot$等含磷的自由基,它们可与涤纶燃烧过程中产生的$\cdot H$和$\cdot OH$反应,使燃烧的自由基链式反应得到抑制。因此,DOPO-DOPC在PET复合物和涤纶织物中都存在明显气相阻燃作用。

（二）PET和涤纶热氧降解残留物FTIR分析

为了进一步研究DOPO-DOPC对PET和涤纶织物是否存在凝聚相阻燃作用,采用FTIR分析PET0、PET3和DOPO-DOPC阻燃整理涤纶在马弗炉中加热至特定温度的残留物的吸收光谱,结果分别如图5-11~图5-14所示。

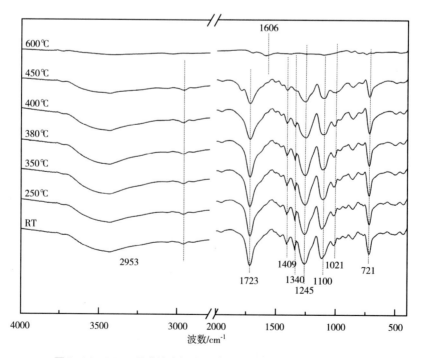

图5-11　PET0马弗炉中加热至特定温度后残留物的FTIR谱图

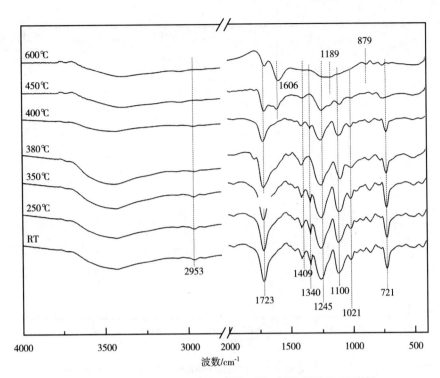

图5-12　PET3马弗炉中加热至特定温度后残留物的FTIR谱图

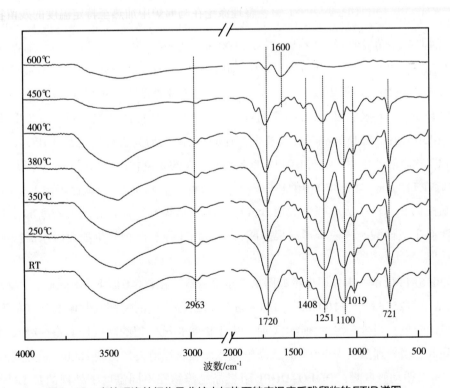

图5-13　未处理涤纶织物马弗炉中加热至特定温度后残留物的FTIR谱图

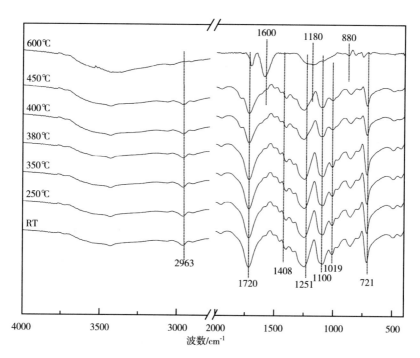

图5-14　DOPO-DOPC阻燃涤纶织物马弗炉中加热至特定温度后残留物的FTIR谱图

图5-11和图5-12为PET0和PET3不同温度处理后残留物的FTIR光谱图。PET0
和PET3在400℃以下都存在2953cm^{-1}处C—H的伸缩振动吸收峰、1723cm^{-1}处酯羰基
C=O的伸缩振动吸收峰、1245cm^{-1}和1100cm^{-1}处—COOC—上的C—O伸缩振动吸收
峰、1021cm^{-1}苯环上的C—H面内弯曲振动吸收峰、721cm^{-1}苯环上的C—H面外弯曲振
动吸收峰。PET0的特征吸收峰强度在450℃出现明显的降低，600℃出现1606cm^{-1}处残
渣中芳环的C=C吸收峰。PET3在温度为400℃时，其特征吸收峰强度发生明显的降
低，在450℃就出现1606cm^{-1}处残渣中芳环的C=C振动吸收峰，表明DOPO-DOPC有
促进PET热降解的作用，这与DOPO-TPN共混PET的现象相似。同时，加热至600℃的
PET3存在1189cm^{-1}处DOPO中的P—O—C$_{Ar}$吸收峰（此峰450℃时就已出现）和879cm^{-1}
处磷酸酯的P—O—P吸收峰，表明DOPO-DOPC热降解时含碳源的磷酸酯部分形成炭
的同时会生成磷酸，进一步形成聚磷酸，可与PET降解产物发生酯化脱水反应而促进
成炭[12-15]。

如图5-11所示，未处理涤纶如同第二至第四章，在400℃以下2963cm^{-1}、1720cm^{-1}、
1408cm^{-1}、1251cm^{-1}、1100cm^{-1}、1019cm^{-1}和721cm^{-1}处的特征吸收峰的强度都没有发
生明显的降低；当处理温度为450℃时，由于涤纶长链酯键的断裂使其特征吸收峰吸收
强度降低。当处理温度为600℃时，涤纶的特征吸收峰消失，出现1600cm^{-1}处残渣中芳
环的C=C振动吸收峰。DOPO-DOPC阻燃涤纶织物在不同温度下处理的FTIR谱图如
图5-14所示，380℃以下FTIR光谱与未处理涤纶织物相似。1720cm^{-1}特征吸收峰降低

开始于400℃左右，早于未处理涤纶的450℃左右，表明DOPO-DOPC的存在促进了涤纶降解。当温度为600℃时，出现1180cm^{-1}和 880cm^{-1}处新的特征吸收峰，同样为P—O—C$_{Ar}$吸收峰和P—O—P吸收峰。因此，DOPO-DOPC在减缓PET和涤纶自由基降解的同时，形成的磷酸和聚磷酸会加速PET和涤纶的降解，并与其降解产物发生酯化脱水成炭。

通过以上的分析可知DOPO-DOPC用于PET和涤纶阻燃，DOPO-DOPC高温下会分解形成DOPO的羟甲基正离子和磷酸酯，DOPO的羟甲基正离子会进一步分解形成DOPO的正离子、二苯并呋喃和磷氧自由基，磷氧自由基发挥气相阻燃作用。磷酸酯会分解形成磷酸可与PET降解产物反应成炭，并且自身分解生成含碳碳双键的化合物，进一步反应可形成炭。DOPO-DOPC的降解及促进PET的成炭的反应归纳于图5-15中。

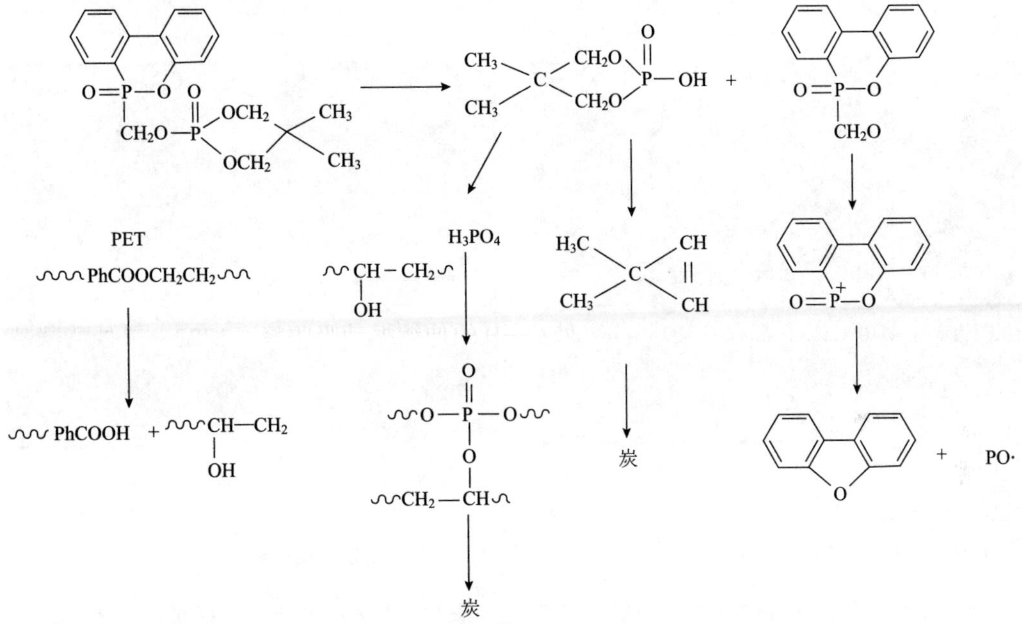

图5-15　DOPO-DOPC降解机理及与涤纶降解产物的成炭反应

因此，DOPO-DOPC用于PET和涤纶的阻燃，除了气相阻燃作用还存在凝聚相阻燃作用，显然凝聚相阻燃作用是DOPC片断的贡献。

（三）阻燃PET和涤纶织物残炭的炭层形貌

将PET0和PET3及未处理和DOPO-DOPC浸渍法阻燃整理的涤纶织物在马弗炉中在空气气氛下600℃处理后，收集残炭，用SEM观察其炭层形貌，结果分别如图5-16~图5-19所示。

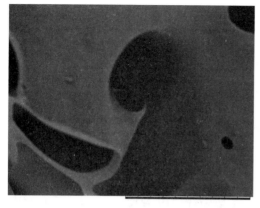

× 300　300μm

图5-16　PET0马弗炉600℃处理后残炭SEM图

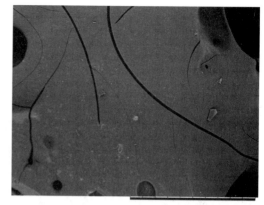

× 300　300μm

图5-17　PET3马弗炉600℃处理后残炭SEM图

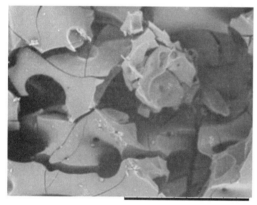

× 300　300μm

图5-18　未处理涤纶织物马弗炉600℃处理后残
炭SEM图

× 300　300μm

图5-19　DOPO-DOPC阻燃涤纶织物马弗炉
600℃处理后残炭SEM图

由图5-16和图5-18可看出，PET0和未处理涤纶织物600℃处理后残炭表面为膨松多孔的炭层，不能很好地隔绝热和外部的空气，阻燃效果差。图5-17和图5-19分别为PET3和DOPO-DOPC阻燃整理涤纶的残炭SEM图片，其形貌分别与PET0和未处理涤纶织物比较发生改变，孔减少，炭层的连续性和完整性有提高。因此，DOPO-DOPC可提高聚酯和涤纶织物的炭层的致密程度，起到阻滞热和氧气进入材料内部及可燃性气体产物扩散到外部的作用。比较图5-19与第四章图4-20的DOPO-TPN整理品残炭，前者显得厚实，这可能与前者抗熔滴性的改善有关。

结合Py-GC/MS、FTIR光谱和残炭的SEM图谱，可说明DOPO-DOPC用于PET的共混阻燃和涤纶织物阻燃整理兼具气相和凝聚相阻燃作用，并有助于改善抗熔滴性。

（四）不同阻燃剂阻燃整理涤纶和共混PET的残炭的磷含量

以上各章的研究表明，DOPO、DOPO-CH$_2$OH 和 DOPO-CH$_3$ 阻燃涤纶主要通过气相起作用，而 DOPO-TPN 和 DOPO-DOPC 兼具气相和凝聚相阻燃作用。测定残炭中的磷含量，有助于分析阻燃剂中磷所起的不同作用。以马弗炉中600℃处理10min后的残炭作为600℃残炭磷含量的测定试样。为方便比较，希望了解残炭中最多可以保留的磷含量，粗略地将空气气氛下TGA的600℃残留量作为600℃残留量，600℃残炭中最大可能磷含量P_{max600}等于织物磷含量与600℃残留量的比值。阻燃涤纶和共混阻燃PET马弗炉中600℃处理后残炭的磷含量分别见表5-14和表5-15。

表5-14　阻燃涤纶马弗炉中600℃处理后残炭的磷含量

试样	织物磷含量/（mg·g^{-1}）	600℃残炭磷含量/（mg·g^{-1}）	TGA600℃残留含量/%	P_{max600}/（mg·g^{-1}）
涤纶-DOPO	2.41	4.11	0.85	283
涤纶-DOPO-CH$_2$OH	0.96	1.88	0.56	171
涤纶-DOPO-CH$_3$	2.75	0.51	0.42	655
涤纶-DOPO-TPN	1.38	4.27	0.89	155
涤纶-DOPO-DOPC	2.01	5.29	1.56	129

由表5-14可知，DOPO及衍生物阻燃涤纶600℃残炭中都存在磷，除了DOPO-CH$_3$整理品，600℃残炭磷含量均高于未经600℃处理的织物中磷含量，表明这四种样品的磷在凝聚相有富集。比较不同阻燃剂整理后P_{max600}与600℃残炭磷含量可知，所有残炭磷含量明显低于对应的600℃残炭最大可能磷含量P_{max600}。DOPO-CH$_3$和DOPO-CH$_2$OH整理品的600℃残炭磷含量占P_{max600}比例较低，且DOPO-CH$_3$的600℃残炭磷含量低于织物中的磷含量，这与DOPO-CH$_3$和DOPO-CH$_2$OH阻燃涤纶主要通过气相起作用而无凝聚相阻燃作用相吻合。DOPO整理品的600℃残炭磷含量占比P_{max600}比DOPO-CH$_2$OH的略高，存在微弱的凝聚相阻燃作用。DOPO-TPN和DOPO-DOPC整理涤纶的600℃残炭磷含量占比P_{max600}明显高于其他试样，说明DOPO-TPN和DOPO-DOPC都存在部分凝聚相作用。以DOPO-DOPC的600℃残炭磷含量占比P_{max600}最高，绝对值也最高，说明DOPO-DOPC在涤纶上凝聚相阻燃作用更加明显。

表5-15为DOPO-TPN和DOPO-DOPC分别添加15%和10%的共混PET的600℃残炭磷含量和P_{max600}。

表5-15　共混阻燃PET马弗炉600℃处理后残炭的磷含量

试样	试样中理论磷含量/（mg·g⁻¹）	试样中实测磷含量/（mg·g⁻¹）	600℃残炭磷含量/（mg·g⁻¹）	600℃残留物含量/%	P_{max600}/（mg·g⁻¹）
PET15	25.3	15.84	9.21	2.04	776.47
PET3	15.2	11.19	26.78	2.18	513.30

注　PET复合物PET15和PET3分别为第四章的PET15和本章中的PET3。

由表5-15可知，DOPO-TPN和DOPO-DOPC共混阻燃PET的600℃残炭中存在磷，后者磷含量高于未经600℃处理时，有富集；PET/DOPO-DOPC的P_{max600}低于PET/DOPO-TPN的P_{max600}，但其600℃残炭的磷含量明显高于PET/DOPO-TPN残炭的磷含量，说明DOPO-DOPC用于PET阻燃其凝聚相阻燃作用较DOPO-TPN更加明显。

五、不同阻燃剂用于涤纶阻燃性能对比

（一）DOPO及合成品用于涤纶阻燃性能比较

将DOPO及各章合成的衍生物分别以浸渍法整理（40%分散液60g/L，135℃保温）的涤纶织物阻燃性能及阻燃剂的利用率进行比较，结果见表5-16；将DOPO、DOPO-TPN和DOPO-DOPC分别以浸轧法整理的涤纶织物阻燃性能和阻燃剂的利用率进行比较，结果见表5-17。

表5-16　DOPO及其衍生物浸渍法阻燃整理涤纶的阻燃效果和阻燃剂利用率

试样	LOI/%	垂直燃烧性能			织物上磷含量/（mg·g⁻¹）	阻燃剂利用率/%
		损毁长度/cm	续燃时间/s	阴燃时间/s		
涤纶-DOPO	32.3	10	0	0	2.41	3.5
涤纶-DOPO-CH₂OH	29.6	11.2	0	0	0.96	1.6
涤纶-DOPO-CH₃	32.7	9.6	0	0	2.75	4.2
涤纶-DOPO-TPN	30.3	10.8	0	0	1.38	1.7
涤纶-DOPO-DOPC	32.2	9.8	0	0	2.01	2.7
未处理	21.3	13.7	14.7	0	—	—

由表5-16可见，DOPO及各合成品的浸渍法整理品的LOI的大小排序与整理品的磷含量排序一致，DOPO-CH₃整理品的磷含量最高，其次是DOPO的，DOPO-CH₂OH整理品的最低。DOPO-DOPC整理品阻燃性与DOPO和DOPO-CH₃的相近，LOI都可达到32%以上，

垂直燃烧性能也相近。DOPO-CH$_2$OH 整理品的 LOI 最小，损毁长度最大。各阻燃剂的利用率都不高，其中最高的是 DOPO-CH$_3$，其次为 DOPO 和 DOPO-DOPC，DOPO-CH$_2$OH 的利用率最小。阻燃剂与分散染料同浴处理涤纶织物的阻燃性能和染色性能，各合成品都较 DOPO 有改善，DOPO-DOPC 好于 DOPO-CH$_3$。而抗熔滴性能方面，据观察以 DOPO-DOPC 整理品最好。

DOPO、DOPO-TPN 和 DOPO-DOPC 分别采用浸轧法整理的涤纶织物阻燃性能和阻燃剂的利用率见表 5-17。

表5-17　DOPO、DOPO-TPN和DOPO-DOPC浸轧法阻燃整理涤纶的阻燃效果和阻燃剂利用率

阻燃试样	LOI/%	理论磷含量/（mg·g^{-1}）	织物上磷含量/（mg·g^{-1}）	阻燃剂利用率/%
涤纶-DOPO	31.6	8.04	2.13	26
涤纶-DOPO-TPN	31.2	9.41	1.66	17
涤纶-DOPO-DOPC	32.5	8.51	2.26	27

注　阻燃剂分散液的浓度为 200g/L，分散液的有效含量为 40%。

由表 5-17 可见，DOPO、DOPO-TPN 和 DOPO-DOPC 采用浸轧法整理涤纶织物可获得与浸渍法整理相近的阻燃性能，但阻燃剂的利用率明显优于浸渍法。DOPO-DOPC 浸轧整理的利用率与 DOPO 的利用率相近，而 DOPO-TPN 的利用率较低，其原因可能还是与 DOPO-TPN 较大的分子体积有关。可以认为 DOPO-DOPC 是以上 DOPO 及其衍生物中性能最优的阻燃整理剂。

（二）商品阻燃整理剂性能对比

从市场收集五种阻燃剂样品，详见表 5-18。PDF、HF-1120 和 JL-108F 三种可与分散染料同浴浸渍法处理的和 VOD-C 和 FRN 两种采用浸轧法整理的含磷商品阻燃剂分别采用各自推荐工艺（有的提高了浓度）整理涤纶织物，比较整理品的阻燃性能，见表 5-19 和表 5-20。

表5-18　涤纶用商品阻燃剂

阻燃剂	生产厂家	整理方法	推荐含量/浓度
PDF	和夏化学（太仓）有限公司	浸渍法	15~20%（omf）
HF-1120	日华化学有限公司	浸渍法	15~20%（omf）
JL-108F	上海银岛经贸有限公司	浸渍法	15~20%（omf）
VOD-C	鲁道夫化工有限公司	浸轧法	100g/L
FRN	上海雅运纺织化工有限公司	浸轧法	200g/L

表5-19 不同商品阻燃剂整理后的涤纶织物阻燃性能

阻燃剂	含量/浓度	LOI/%		垂直燃烧性能					
				损毁长度/cm		续燃时间/s		阴燃时间/s	
		洗前	5次洗后	洗前	5次洗后	洗前	5次洗后	洗前	5次洗后
PDF	20%（omf）	28.5	27.8	11.8	12.3	4.4	0	0	0
	30%（omf）	29.7	28.6	10.3	10.8	0	0	0	0
HF-1120	20%（omf）	29.3	28.5	11.6	12.5	0	0	0	0
	30%（omf）	29.9	28.8	10.4	11.0	0	0	0	0
JL-108F	20%（omf）	29.1	28.5	11.9	12.2	0	0	0	0
	30%（omf）	29.3	28.2	11.0	11.4	0	0	0	0
VOD-C	100g/L	30.1	28.5	10.8	12.2	0	0	0	0
FRN	200g/L	29.3	27.8	12.2	12.7	0	0	0	0
未处理	—	21.1	—	14.0	—	0	—	0	—

表5-20 商品阻燃剂的磷含量及利用率

阻燃剂	阻燃剂的磷含量/（mg·g^{-1}）	含量/浓度	织物上磷含量/（mg·g^{-1}）	利用率/%
PDF	33.96	20 %（omf）	2.50	37
		30 %（omf）	4.08	40
HF-1120	26.45	20 %（omf）	2.24	42
		30 %（omf）	2.45	31
JL-108F	17.05	20 %（omf）	1.50	44
		30 %（omf）	1.66	31
VOD-C	184.49	100g/L	5.31	41
FRN	206.73	200g/L	5.17	18

由表5-19可知，采用以上几种商品阻燃剂整理后的涤纶织物LOI可接近30%，损毁长度为10~12.5cm，其阻燃性能与DOPO-CH$_2$OH整理品相近，不及DOPO及其他衍生物。同时观察到它们对熔滴没有明显抑制作用。三种浸渍法整理的阻燃剂整理品5次洗后的LOI比洗前降低1左右，两种浸轧法阻燃剂整理品的LOI降低1.5左右，损毁长度都

有所增加。以上五种阻燃剂的涤纶整理品的耐洗性较DOPO及本研究合成的几种衍生物差。由表5-20可知，采用浸渍法整理的涤纶织物，织物上的磷含量大都在1.5~2.5mg/g，其中PDF整理的磷含量最高，PDF含量为30%（omf）时织物磷含量达到4.08mg/g，JL-108F整理的磷含量最低。它们的利用率都较高，在30%~45%。采用浸轧法整理的两种阻燃剂VOD-C和FRN整理后的涤纶织物上的磷含量稍高，都在5mg/g以上，但阻燃性能与三种浸渍法整理的涤纶织物阻燃性能相近。阻燃剂VOD-C的利用率高于DOPO和DOPO-DOPC浸轧法整理的利用率，而FRN的利用率与阻燃剂DOPO-TPN的利用率相近，低于DOPO和DOPO-DOPC。

　　将以上三种可浸渍法使用的商品阻燃剂分别与三种分散染料同浴处理涤纶织物，考察各自对涤纶织物阻燃性能和对分散染料染色性能的影响。结果见表5-21。

表5-21　三种商品阻燃剂分别与分散染料同浴处理涤纶的阻燃和染色性能

阻燃剂	阻燃剂含量（%, omf）	分散染料（2%, omf）	LOI/%	K/S值	ΔL	Δa	Δb	ΔE
PDF	20	分散红60	29.8	8.2	0.97	−0.53	−0.09	0.66
	20	分散黄54	29.5	16.6	0.50	−0.15	−0.13	0.36
	20	分散蓝56	28.0	13.6	1.19	−1.25	0.60	1.18
HF-1120	20	分散红60	29.3	7.3	1.97	−1.43	−1.24	1.19
	20	分散黄54	29.2	16.5	0.57	−0.84	−0.91	0.56
	20	分散蓝56	27.5	13.2	1.79	−1.32	0.41	1.42
JL-108F	20	分散红60	30.3	8.4	0.47	−0.35	−0.45	0.37
	20	分散黄54	29.6	16.7	0.32	0.35	0.28	0.23
	20	分散蓝56	27.8	13.7	0.88	−1.06	0.96	1.03
—		分散红60	22.6	8.9				—
		分散黄54	22.3	16.9				—
		分散蓝56	21.5	14.6				—
未处理			21.1	—				—

　　由表5-21可知，三种阻燃剂分别与分散红60或分散黄54同浴处理的整理品LOI可达到或接近30%，除HF-1120对分散红60的染色性能影响稍大外，其余两种阻燃剂影响都不大。与分散蓝56同浴时，三种阻燃剂处理后的涤纶LOI低于与其他两种分散染料同浴的

LOI，不大于28%，且对分散蓝56的染色性能影响稍大，ΔE都大于1。因此，以上三种阻燃剂与分散染料同浴处理时，涤纶整理品的阻燃性能不及DOPO及衍生物与分散染料同浴处理的阻燃性能，只是对染色性能影响不太大。

以上与商品阻燃剂的比较表明，本研究中DOPO及其衍生物阻燃剂用于涤纶阻燃，阻燃性特别是耐洗性方面与市场上的一些商品涤纶阻燃剂比较存在一定优势，其中DOPO—CH$_2$OH、DOPO-TPN和DOPO-DOPC也可与部分分散染料同浴处理。缺点在于DOPO及衍生物阻燃剂浸渍法整理涤纶织物时的利用率明显低于商品阻燃剂。其低利用率可能受阻燃剂分散液的制备方式和整理时阻燃剂的分散状态等因素的影响，最主要的因素可能与阻燃剂本身的分子结构有关。DOPO-DOPC对涤纶具有一定抗熔滴性，浸轧法的利用率达到27%，氧指数和垂直燃烧阻燃性都很好，有综合优势。

本章小结

本章合成了含碳源的DOPO衍生物DOPO-DOPC，DOPO-DOPC起始失重温度达275℃，也可作为添加型阻燃剂用于PET共混阻燃处理。将DOPO-DOPC以共混方式用于PET的阻燃处理，研究了共混PET的阻燃性能。将DOPO-DOPC用于涤纶织物阻燃整理，并研究其与分散染料同浴处理时涤纶织物的阻燃和染色性能。采用热重分析研究DOPO-DOPC共混PET及DOPO-DOPC阻燃整理涤纶织物的热稳定性，并采用Py-GC/MS、FTIR和SEM对DOPO-DOPC阻燃PET和涤纶织物的机理进行研究。得出以下结论。

（1）DOPO-CH$_2$OH与DOPC在三氯甲烷为溶剂三乙胺催化条件下回流反应24h，可得到DOPO-DOPC，产率为88%。通过^{1}H-NMR、^{31}P-NMR核磁共振谱、FTIR光谱和元素分析可知成功合成得到含碳源的DOPO衍生物2-磷杂菲-羟甲基-5,5-二甲基-2-氧-1,3,2-二氧磷杂环己烷（DOPO-DOPC）。

（2）DOPO-DOPC以共混的方式用于PET的阻燃处理可赋予PET很好的阻燃性能。当共混PET中的磷含量约为0.25%时，LOI可达到32.7%，垂直燃烧性能可达到UL-94 V-0级，且随着添加量的增加，阻燃性能继续明显提高。与第四章DOPO-TPN比较，DOPO-DOPC以在PET中较低的磷含量达到较高的阻燃性能，显示所引入含磷碳源的有效性。

（3）DOPO-DOPC用于涤纶织物阻燃整理时，能较好地改善整理品的阻燃性能。当DOPO-DOPC分散液浓度为60g/L时，整理品的LOI可以达到32.3%，阻燃性能明显优于等浓度的DOPO-CH$_2$OH阻燃整理品，与DOPO和DOPO-CH$_3$阻燃整理品相近，抗熔滴性有所改善；同样具有很好的耐洗性。DOPO-DOPC阻燃分散液采用热熔法也可赋予涤纶织物优异的阻燃性能。在涤纶织物上，DOPO-DOPC阻燃分散液与分散染料同浴处理涤纶织物，整理品LOI可提高至32%以上，与三种染料单独染色样的色差与DOPO-CH$_2$OH的染色样的色差相近，较DOPO的染色样色差有明显改善，DOPO-DOPC也可与部分分散染料阻燃和染色同浴进行。

（4）TGA结果表明，DOPO-DOPC起始失重温度在270℃以上，适合与高聚物共混加工。DOPO-DOPC本身有较强成炭能力。无论是在空气还是氮气气氛中，DOPO-DOPC阻燃PET和涤纶织物与未处理PET和涤纶比较，起始失重温度和最大失重速率温度都略有降低，最大失重速率放缓，热稳定性无明显变化。空气中第二失重阶段的最大失重速率温度略有提高。在空气或氮气气氛中600℃的残留物含量都有所增加，表明DOPO-DOPC可促进PET和涤纶成炭。

（5）Py-GC/MS结果表明，DOPO-DOPC用于PET共混和涤纶织物阻燃整理，都可减缓PET的自由基降解反应。共混阻燃PET和阻燃整理涤纶的气相裂解产物中都存在DOPO的分解产物二苯并呋喃，共混PET的气相产物中还存在甲基化和羟甲基化的DOPO碎片，表明DOPO-DOPC受热逐级分解产生含磷的自由基，如PO·和PO$_2$·，含磷的自由基可抑制燃烧的自由基链式反应。因此，DOPO-DOPC阻燃PET和涤纶，其阻燃机理存在明显的气相阻燃作用。不同温度处理的PET和涤纶残留物FTIR分析结果表明，DOPO-DOPC通过释放磷酸类物质可自身成炭和促进PET和涤纶成炭，存在凝聚相阻燃作用。600℃处理后残炭SEM图片表明，DOPO-DOPC可促进形成较致密和完整的炭层，阻滞热和氧气进入材料内部及可燃性气体产物扩散到外部，也与抗熔滴性相关联。因此，与DOPO-CH$_2$OH本身仅通过气相作用阻燃不同，DOPO-DOPC用于共混阻燃PET和涤纶阻燃整理兼具气相和凝聚相阻燃作用。

（6）阻燃涤纶织物和PET残炭的含磷量分析可知，DOPO-CH$_2$OH和DOPO-CH$_3$阻燃PET时凝聚相保留的磷相当少，与它们主要起气相阻燃作用、基本无凝聚相阻燃作用的结论相吻合；DOPO存在微弱的凝聚相阻燃作用；DOPO-TPN和DOPO-DOPC用于涤纶和PET阻燃存在部分凝聚相作用，且DOPO-DOPC凝聚相阻燃作用更加明显。

（7）比较DOPO及所合成的其衍生物阻燃剂用于涤纶阻燃整理的效果，采用浸渍法在相同浓度条件下，DOPO-CH$_3$的阻燃性能最好，阻燃剂利用率最高，DOPO-DOPC与DOPO及DOPO-CH$_3$的阻燃性能接近，且对分散染料的影响明显降低。DOPO-DOPC对涤纶具有一定抗熔滴性，浸轧法处理涤纶时的利用率达到27%，氧指数和垂直燃烧阻燃性都很好。综合认为DOPO-DOPC在以上DOPO及其衍生物中最适用于涤纶阻燃整理。与五个涤纶用商品磷系阻燃剂样品比较，DOPO及其衍生物阻燃剂的阻燃性能更优，特别是耐洗性更好，但浸渍法整理时，阻燃剂的利用率明显低于商品阻燃剂。DOPO-DOPC与商品阻燃剂比较有综合优势。

参考文献

[1] GREEN J. A review of phosphorus-containing flame retardants[J]. Journal of Fire Sciences, 1992, 10(6): 470-487.

[2] HOWELL B A. Development of multifunctional flame retardants for polymeric materials[C]. ACS Symposium Series, Oxford University Press, 2009, 1013: 266-287.

[3] 李建军, 欧育湘. 阻燃理论 [M]. 北京: 科学出版社, 2013.

[4] CAMINO G, COSTA L, MARTINASSO G. Intumescent fire-retardant systems[J]. Polymer Degradation and Stability, 1989, 23(4): 359-376.

[5] GU J, ZHANG G, DONG S, et al. Study on preparation and fire-retardant mechanism analysis of intumescent flame-retardant coatings[J]. Surface and Coatings Technology, 2007, 201(18): 7835-7841.

[6] 欧育湘. 阻燃剂: 性能制造及应用 [M]. 北京: 化学工业出版社, 2006.

[7] MAURIC C, WOLF R. Dioxaphosphorinane derivatives; polyesters[P]. U.S. Patent 4388431. 1983-6-14.

[8] MAURIC C, WOLF R. Flameproofed organic materials[P]. U.S. Patent 4458045. 1984-7-3.

[9] MAURIC C, WOLF R. Dioxaphosphorinane derivatives as flameproofing agents[P]. U.S. Patent 4220472. 1980-9-2.

[10] VOTHI H, NGUYEN C, LEE K, et al. Thermal stability and flame retardancy of novel phloroglucinol based organo phosphorus compound[J]. Polymer Degradation and Stability, 2010, 95(6): 1092-1098.

[11] ZHANG S, LI B, LIN M, et al. Effect of a novel phosphorus-containing compound on the flame retardancy and thermal degradation of intumescent flame retardant polypropylene [J]. Journal of Applied Polymer Science, 2011, 122(5): 3430-3439.

[12] BALABANOVICH A I, POSPIECH D, HÄUβLER L, et al. Pyrolysis behavior of phosphorus polyesters[J]. Journal of Analytical and Applied Pyrolysis, 2009, 86(1): 99-107.

[13] BALABANOVICH A I, POSPIECH D, KORWITZ A, et al. Pyrolysis study of a phosphorus-containing aliphatic-aromatic polyester and its nanocomposites with layered silicates[J]. Polymer Degradation and Stability, 2009, 94(3): 355-364.

[14] HOANG D Q, KIM W, An H, et al. Flame retardancies of novel organo-phosphorus flame retardants based on DOPO derivatives when applied to ABS[J]. Macromolecular Research, 2015, 23(5): 442-448.

[15] KIM W, HOANG D Q, VOTHI H, et al. Synthesis, flame retardancy, and thermal degradation behaviors of novel organo-phosphorus compounds derived from 9, 10-dihydro-9-oxa-10-phosphaphenanthrene-10-oxide(DOPO)[J]. Macromolecular Research, 2016, 24(1): 66-73.

第六章

涤纶织物层层自组装膨胀阻燃抗熔滴

传统的含卤和含磷阻燃剂采用后整理的方式阻燃处理涤纶织物，普遍存在处理后涤纶织物上阻燃剂含量较低，对其促进成炭抗熔滴作用有限的缺陷。同时，后整理的方式还存在阻燃剂用量大、利用率低的问题，会带来环境污染问题[1]。一些新型的后处理方法被研究用于涤纶织物的阻燃抗熔滴处理，如溶胶—凝胶法和层层自组装方法等。将含硅等无机的前驱体与含磷阻燃剂或含氮阻燃剂结合采用溶胶—凝胶法处理涤纶织物可赋予其阻燃抗熔滴性能，但溶胶—凝胶法存在对涤纶织物服用性能影响较大的问题[2-3]。层层自组装（Layer-by-Layer Assembly, LBL）的方法可精确控制结构的厚度、组成和功能，近年来，也被大量研究采用该方法赋予纺织品阻燃性能。LBL方法可在温和的条件（常温常压）下进行，且阻燃剂的含量很少（含量一般小于1%）[4-5]。相比传统的阻燃方法，LBL方法可实现在基质上构建阻燃体系，通过精确控制阻燃体系的组成和厚度以实现相应的阻燃性能，该方法克服了共混阻燃方法对基质力学性能的影响和传统后整理方法阻燃剂用量大的问题[6-7]。

研究表明，通过促进涤纶织物成炭，可以较好地改善其熔滴现象。对于涤纶等不易成炭的热塑性材料，通过外部引入成炭剂，可较好地发挥促进成炭作用，进而减少熔滴的产生。膨胀阻燃体系（IFR）具有较好成炭作用，是以磷、氮为主要成分的绿色环保阻燃体系；含有这类阻燃体系的高聚物受热时，表面能生成一层均匀的膨胀炭层，能够发挥很好的成炭作用，用于热塑性材料的阻燃能防止熔滴的产生[8]。近年来，IFR阻燃体系作为一种重要的阻燃体系被大量地研究用于各种高分子材料的阻燃处理。IFR通常由三种组分组成：酸源（脱水剂）：无机酸或加热至一定温度产生酸的化合物，如聚磷酸铵（APP）等；碳源（成炭剂）：形成泡沫炭化层的基础，主要是一些在酸的作用下可脱水成炭的多羟基化合物，如季戊四醇等；气源（氮源）：受热释放出挥发性产物的化合物，如三聚氰胺等[9-10]。IFR主要以凝聚相阻燃机理发挥阻燃作用：受热时，酸源释放出无机酸作为脱水剂，与含有多羟基的碳源发生酯化、交联、芳基化及炭化反应，此过程中形成的熔融态物质在气源产生的不燃性气体的作用下发泡、膨胀，形成致密多孔的泡沫状炭层[11-12]。随着环保要求的日趋严格，生态环保阻燃剂的开发和应用已成为近些年来阻燃领域研究的重要方向[13-14]。一些绿色环保的生物基材料也被研究用于高分子材料的阻燃处理，如壳聚糖、植酸、DNA等生物基材料。壳聚糖作为一种环境友好的生物基材料，其分子结构中富含碳可作为膨胀阻燃体系中的碳源，同时，其分子结构中含有氮元素，又可以作为气源。壳聚糖已被研究作为膨胀阻燃体系组分，采用层层自组装的方法在棉织物上构建膨胀阻燃体系[15-20]。

LBL组装方法因其简单、环保、对基质性能影响小而受到越来越多的关注[21-24]。通过LBL组装方法提高涤纶织物阻燃性能已有相关的文献报道。Carosio等[25]报道通过LBL方法将带正电荷和负电荷的二氧化硅纳米粒子在涤纶织物构建阻燃涂层，结果表明：涤纶织物经5BL涂层后，其点燃时间（TTI）比未涂层织物延长99s（45%），最高热释放速率（PHRR）降低20%。涂层织物燃烧时间减少，消除了熔滴。Alongi等[26]报道使用聚二烯丙基二甲基氯化铵（PDAC）、聚丙烯酸（PAA）和聚磷酸铵（APP）在涤纶织物上构建了不同数量的PDAC/PAA/PDAC/APP四层膨胀型阻燃涂层。热重分析（TGA）结果表明，经不同数量的四层涂层处理后的涤纶织物会促进涤纶织物形成稳定的炭。该膨胀型阻燃涂层处理后涤纶织物表现出了良好的阻燃性能和抗熔滴性能，减少了燃烧过程中的热量释放[27]。Carosio等[28]采用八铵POSS（多面寡聚倍半硅氧烷）和蒙脱土钠黏土LBL组装制备了有机/无机杂化阻燃涂层，使涤纶织物具有良好的阻燃性能和抗熔滴性能。目前，基于膨胀阻燃体系（IFR）的涤纶织物层层自组装阻燃抗熔滴研究相对较少。

本章采用聚磷酸铵（APP）为酸源与文化聚乙烯亚胺（BPEI）或壳聚糖等为碳源或气源构成膨胀阻燃体系（IFR），基于层层自组装方法处理涤纶织物，研究对其阻燃抗熔滴性能的影响。以支化聚乙烯亚胺（BPEI）或壳聚糖（CH）为聚阳离子，聚磷酸铵（APP）为聚阴离子，通过LBL组装法在涤纶织物上构建膨胀阻燃涂层。APP是膨胀阻燃体系中最常见的酸源，BPEI是一种带正电荷的胺类化合物，可以与带负电荷的APP结合，还可以释放氨气来增强阻燃性能，可作为IFR体系的气源。壳聚糖作为含碳和氮的天然阳离子聚合物，可以作为膨胀阻燃体系中的碳源和气源，也可以与APP构成膨胀阻燃体系。经过LBL组装BPEI/APP或CH/APP处理的涤纶织物通过LOI和垂直燃烧性能测试，对涤纶织物的阻燃性能和抗熔滴性能进行测定，并研究涤纶织物碱预处理对LBL组装膨胀阻燃体系性能的影响。用热重分析仪（TGA）研究未经处理和经LBL组装处理的涤纶织物的热稳定性。采用扫描电镜（SEM）对经处理和LBL组装处理的涤纶织物及其垂直燃烧后残炭进行表征。

第一节　实验部分

一、材料、化学品和仪器

织物：纯涤纶针织物（110g/m²），购自上海新纺联汽车内饰有限公司。对涤纶织物进行预处理，用4g/L洗涤剂在98℃下洗涤10min，然后室温烘干。

主要化学品：支化聚乙烯亚胺（BPEI，Mn 10000）、聚磷酸铵（APP）购自阿拉丁试剂（上海）有限公司；壳聚糖（CH，黏度：50~800mPa·s）、氢氧化钠、浓盐酸购自国药化学试剂有限公司。

主要实验设备仪器见表6-1。

表6-1　主要实验设备仪器

仪器名称	型号	生产厂家
织物阻燃性能测试仪	YG（B）815D-I	温州市大荣纺织仪器有限公司
高温氧指数测试仪	FAA	［意大利］ATSFAAR公司
热重分析仪	DTG-60H	［日本］Shimadzu公司
傅里叶变换红外光谱仪	Nicolet Avatar 6700	［美国］Thermo Electron公司
扫描电子显微镜	S-4800	［日本］Hitachi公司

二、层层自组装阻燃处理涤纶织物

（一）BPEI/APP阻燃处理涤纶织物

用去离子水制备0.5% BPEI溶液（pH=10）。在去离子水中加入一定量的APP，然后用1mol/L的HCl溶液调节pH为4，磁力搅拌24h，制备0.5% APP分散液。涤纶织物首先浸入BPEI溶液5min，取出用去离子水冲洗1min，在烘箱60℃下烘干2h；然后浸入APP溶液中5min，取出用去离子水冲洗1min，在烘箱60℃下烘干2h。完成以上组装循环过程获得1BL（组装层数）BPEI/APP涂层。然后将涤纶织物交替浸入BPEI和APP溶液中，后续每次浸泡时间为2min，去离子水洗涤时间为30s。重复此过程，得到具有1BL、5BL、10BL和20BL涂层处理的涤纶织物，分别命名为PET-1、PET-5、PET-10和PET-20。研究涤纶织物碱预处理对LBL组装阻燃处理性能的影响。将涤纶织物在90℃、1mol/L的NaOH溶液中处理30min，后续处理与上述处理相同。LBL组装涂层涤纶织物的过程如图6-1所示。

（二）CH/APP阻燃处理涤纶织物

用去离子水制备0.5%的CH溶液和0.5%的APP溶液。分别用1mol/L HCl溶液调pH至4，磁力搅拌24h。

首先将涤纶织物浸入0.5% CH溶液5min，取出用去离子水冲洗1min，在烘箱60℃烘干2h。然后将涤纶织物浸入APP溶液5min，取出用去离子水冲洗1min，在烘箱60℃烘干2h，完成以上组装循环过程得到1BL CH/APP涂层。然后将涤纶织物交替浸入CH和APP溶液中，后续浸渍时间仅为2min，再用去离子水洗30s。重复此过程，得到具有1BL、5BL、10BL和20BL的织物，分别命名为PET-1BL、PET-5BL、PET-10BL和PET-20BL。研究涤纶织物碱预处理对LBL组装阻燃处理性能的影响。将涤纶织物在90℃ 1mol/L NaOH溶液中处理30min，后续层层组装处理过程与上述处理相同。

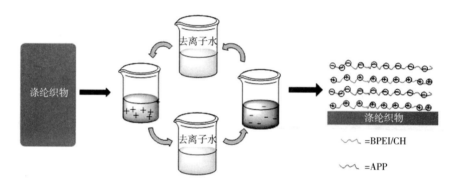

图6-1　在涤纶织物上LBL组装膨胀阻燃涂层示意图

涂层涤纶织物的加上量测定如下式：

$$加上量（\%）=\frac{W-W_0}{W_0}\times100\%$$

式中：W_0为未处理涤纶织物的重量（g），W为经过LBL组装阻燃涂层后的重量（g）。

三、性能表征

所有样品在恒温和恒湿 [（20℃±2）℃，（65±2）%）] 下保存12h以上再进行后续的性能测试。涤纶织物的衰减全反射—傅里叶变换红外光谱（ATR—FTIR）由Thermo Nicolet Avatar 6700FTIR测定。

通过极限氧指数（LOI）和垂直燃烧测定处理后涤纶织物的阻燃性能和抗熔滴性能。根据ASTM D2863测试程序，在室温下用氧指数测试仪测定经处理的涤纶织物的LOI。根据ASTM D6413标准在YG（B）815D-I织物阻燃性能测试仪上进行了垂直燃烧测试。热重分析测试采用DTG-60H热分析仪分别在氮气和空气气氛中以10℃/min升温速率测试室温至

650℃之间的热失重情况。利用日立S-4800扫描电镜对未处理、处理后的织物和残炭经喷金后的表面形貌进行测定。

第二节　BPEI/APP 膨胀阻燃涤纶性能研究

一、未处理和处理后的涤纶织物形态

采用SEM对未处理和经LBL组装处理后的涤纶织物的形貌进行测定，结果如图6-2所示。

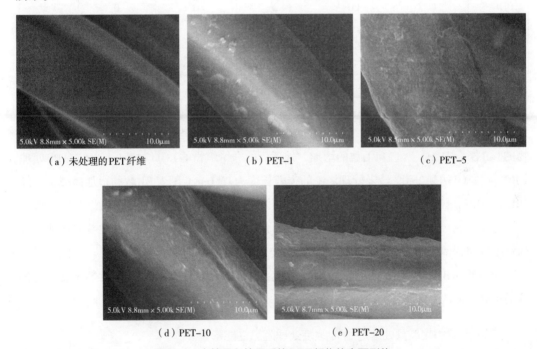

（a）未处理的PET纤维　　　　（b）PET-1　　　　（c）PET-5

（d）PET-10　　　　（e）PET-20

图6-2　未处理和处理后的PET织物的表面形貌

如图6-2所示，未经处理的涤纶织物表面平滑、无附着物。经LBL组装处理后的涤纶织物表面形态发生了明显变化。PET-5的表面相比PET-1变得粗糙。纤维表面覆盖度随着组装层数的增加而增加，当涤纶织物组装10BL的BPEI/APP（PET-10）时，表面比PET-5更光滑均匀。PET-20的纤维表面比PET-10覆盖涂层更厚。因此，通过LBL组装方法成功地在涤纶织物上构建了BPEI/APP阻燃涂层。

二、涤纶织物的阻燃性和抗熔滴性能

（一）LBL组装处理的涤纶织物阻燃性能

用LOI和垂直燃烧性能评价未处理和处理后的涤纶织物的阻燃性和抗熔滴性能，结果见表6-2。表6-2也给出了经过处理的涤纶织物的加上量。

表6-2　未处理和处理后的涤纶织物的阻燃性能和抗熔滴性能

试样	增加含量/%	LOI/%	垂直燃烧性能			熔滴现象
			损毁长度/cm	续燃时间/s	阴燃时间/s	
PET	—	21.1	15.1	17.5	0	大量
PET-1	0.34	22.2	14.8	2.0	0	大量
PET-5	1.17	24.0	14.2	0	0	少量
PET-10	2.89	25.2	13.9	0	0	无
PET-20	5.53	26.0	13.2	0	0	无

由表6-2可知，经层层组装处理的涤纶织物的加上量随着组装层数（BL）的增加而增加。经层层组装处理后，涤纶织物阻燃性能和垂直燃烧性能均得到改善。未处理的涤纶织物的LOI仅为21.1%。随着BL数的增加，处理后的涤纶织物的LOI增加，当BPEI/APP处理20BL时，LOI达到26.0%。未处理涤纶的损毁长度为15.1cm，随着BL数的增加而减小。经20BL的BPEI/APP处理后涤纶织物的损毁长度降低为13.2cm，且处理后的续燃时间大大缩短。涤纶织物经5BL处理后，阴燃时间为0s。从表6-2还可以看出，随着BL数的增加，抗熔滴性能也得到了提高。经10BL BPEI/APP处理后涤纶织物消除了熔滴现象。因此，经层层自组装处理BPEI/APP涂层后涤纶织物的抗熔滴性能得到明显改善，阻燃性能也有一定程度的提高，但改善并不显著。

（二）涤纶织物碱预处理对LBL组装处理阻燃性能影响

涤纶织物属于聚酯织物，是一种以酯键连接的高分子聚合物。涤纶织物在LBL组装处理前经碱预处理，使酯键水解在涤纶大分子链上形成带有负电荷的游离羧基。因此，具有一定负电荷的涤纶织物很容易与带正电荷的BPEI通过静电吸引力结合，使更多的BPEI被吸附在PET织物表面。研究涤纶织物LBL组装前经1mol/L NaOH溶液处理对其阻燃性能和垂直燃烧性能的影响，结果见表6-3。表6-3中还列出了不同BL BPEI/APP的涤纶织物的加上量。

表6-3　经碱处理的涤纶织物的阻燃性能及抗熔滴性能

试样	加上量/%	LOI/%	垂直燃烧性能			熔滴现象
			损毁长度/cm	续燃时间/s	阴燃时间/s	
PET-1	0.59	22.7	13.9	0	0	少量
PET-5	2.02	24.9	13.0	0	0	少量
PET-10	3.34	26.5	12.9	0	0	无
PET-20	6.09	26.9	12.1	0	0	无

由表6-3可知，随着BL的增加，经碱预处理的涤纶织物加上量也逐渐增加，但比LBL组装前未经过NaOH溶液处理的相同BL的涤纶织物加上量要高。涤纶织物经NaOH处理后，其阻燃性能和垂直燃烧性能与未经NaOH处理的呈相同趋势。相同BL数BPEI/APP处理后的涤纶织物，经NaOH溶液处理后的LOI略高于未经碱处理的LOI。相同BL处理的涤纶织物，经NaOH溶液处理的涤纶织物损毁长度比未经碱处理的损毁长度要低。处理10BL BPEI/APP涤纶织物，经NaOH溶液处理的涤纶织物的熔滴现象与未经碱处理涤纶织物的熔滴现象相近。综上所述，对涤纶织物进行碱预处理可以促进涤纶织物与带电阻燃剂的结合，说明涤纶织物LBL组装BPEI/APP涂层表现出更好的阻燃性和抗熔滴性。

三、热稳定性

用热重分析仪（TGA）分别研究未处理和LBL组装处理后的涤纶织物在氮气和空气气氛中的热稳定性。TG和DTG曲线如图6-3所示，TGA数据见表6-4和表6-5，包括起始分解温度（$T_{-10\%}$为10%质量损失的温度），最大失重速率温度（T_{max}），最大失重速率和600℃的残留量。

（一）氮气气氛下的热失重分析

氮气气氛下的热重分析结果如图6-3（a）所示，相关数据见表6-4。

表6-4　氮气气氛下未处理和阻燃处理的涤纶织物的TGA数据

试样	$T_{-10\%}$/℃	T_{max}/℃	最大失重速率/（%·℃$^{-1}$）	600℃残留物含量/%
PET	402	436	2.04	5.09
PET-1	400	437	2.02	6.69
PET-5	398	438	1.96	7.10
PET-10	397	443	1.92	7.56
PET-20	393	445	1.88	9.35

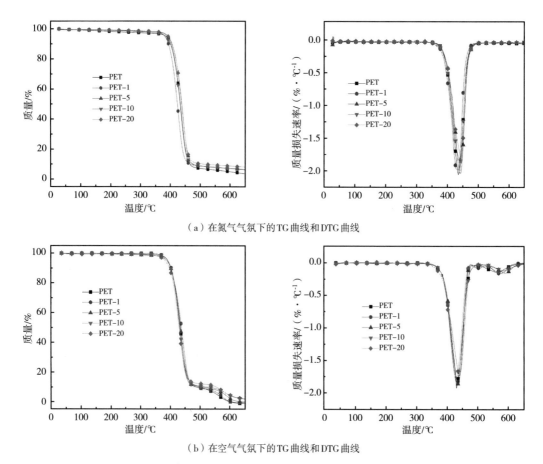

（a）在氮气气氛下的TG曲线和DTG曲线

（b）在空气气氛下的TG曲线和DTG曲线

图6-3　未处理和阻燃处理涤纶织物的TG曲线和DTG曲线

从图6-3（a）和表6-4可以看出，在氮气气氛下，未处理和处理后的涤纶织物均只有一个失重阶段。经过层层自组装阻燃处理的涤纶织物起始分解温度（$T_{-10\%}$）随着BL数的增加而降低，且低于未处理的涤纶织物。这可能是由于BPEI和APP较低的起始分解温度引起的。而经过处理的涤纶织物的T_{max}随着BL数的增加而增加，说明经该阻燃体系处理的涤纶织物的T_{max}略有提高。随着BL数的增加，T_{max}处的最大失重速率也降低。600℃下的残留物含量，随着BL数的增加而增加，说明涤纶织物经LBL组装BPEI/APP阻燃处理会促进涤纶织物残炭的形成，这可能是产生抗熔滴现象的主要原因。

（二）空气气氛下的热失重分析

表6-5　在空气气氛下未处理和阻燃处理涤纶织物的TGA数据

试样	$T_{-10\%}$/℃	第一失重阶段		第二失重阶段		600℃残留物含量/%
		T_{max}/℃	T_{max}处的质量损失速率/（%·℃$^{-1}$）	T_{max}/℃	T_{max}处的质量损失速率/（%·℃$^{-1}$）	
PET	401	430	1.92	564	0.16	0.42
PET-1	401	431	1.86	566	0.16	0.56

续表

试样	$T_{-10\%}$/℃	第一失重阶段			第二失重阶段		600℃残留物含量/%
		T_{max}/℃	T_{max}处的质量损失速率/（%·℃$^{-1}$）		T_{max}/℃	T_{max}处的质量损失速率/（%·℃$^{-1}$）	
PET-5	400	432	1.84		568	0.15	2.2
PET-10	399	432	1.77		571	0.14	3.75
PET-20	396	432	1.73		571	0.13	4.46

从图6-3（b）和表6-5可知，与在氮气气氛下不同，未处理和阻燃处理后的涤纶织物在空气气氛下均出现了两个失重阶段。第一个失重阶段是涤纶织物热降解和炭的形成，第二个阶段是在较高温度氧气作用下不稳定炭的分解。两个阶段的起始分解温度、最大失重速率以及最大失重速率温度与在氮气气氛下的变化趋势一致。600℃空气气氛下的残留物含量也随着BL数的增加而增加，说明阻燃处理也能促进空气气氛下的残炭形成。因此，TGA的结果表明，在氮气和空气气氛下，涤纶织物经LBL组装阻燃处理都能提高其高温稳定性，促进炭的形成。这说明涤纶织物的LBL组装处理可以在凝聚相形成炭层作为覆盖层，使涤纶织物具有良好的抗熔滴性能和一定的阻燃性。

四、残炭的外观形貌

通过SEM对未处理和处理后的涤纶织物经垂直燃烧后的残炭形貌进行研究，结果如图6-4所示。

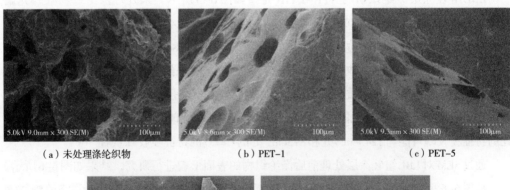

（a）未处理涤纶织物　　　　　（b）PET-1　　　　　（c）PET-5

（d）PET-10　　　　　（e）PET-20

图6-4　未处理和处理后的PET织物残炭形貌

从图6-4可以看出，未处理的涤纶织物残炭表面出现裂纹、孔隙较多，说明存在热传递和可燃气体扩散。经处理后的涤纶织物与未处理的相比，其形态发生了明显的变化。经过处理的涤纶织物残炭表面连续、光滑、致密，且随着BL数的增加，表面变得更加光滑、致密。这些变化不仅有效地保护了涤纶基体内部结构，而且提高了阻隔层的致密性，减少了外部的热传递和内部的可燃气体扩散。综上所述，对涤纶织物进行LBL组装阻燃处理，可以促进涤纶织物形成致密完整的炭，有利于抑制外部热量的传递和可燃气体扩散，从而提高织物的阻燃性和抗熔滴性能。

第三节　CH/APP 膨胀阻燃涤纶性能研究

壳聚糖作为一种环境友好的生物基材料，其分子结构中富含碳可作为膨胀阻燃体系中的碳源，同时，其分子结构中含有氮元素，又可以作为气源。因此，进一步以APP作为酸源，壳聚糖作为碳源和气源在涤纶织物上采用层层自组装方法构建膨胀阻燃体系，研究对涤纶织物阻燃抗熔滴性能的影响。

一、LBL 组装涂层涤纶织物的表征

LBL组装涂层涤纶织物的ATR-FTIR光谱如图6-5所示。未处理涤纶织物红外光谱曲线存在$2965cm^{-1}$（碳氢键的伸缩振动），$1715cm^{-1}$和$1245cm^{-1}$（酯C＝O伸缩振动），$1409cm^{-1}$（碳氢键的弯曲振动），$1340cm^{-1}$、$1100cm^{-1}$、$1018cm^{-1}$，以及苯环的伸缩振动在$873cm^{-1}$和$724cm^{-1}$等特征吸收峰。LBL组装涂层涤纶织物的红外光谱中在$1532cm^{-1}$处的特征吸收峰为壳聚糖中—NH_2质子化—NH_3^+的伸缩振动峰，且吸收峰的强度随CH和APP构成的膨胀阻燃涂层层数的增加而增加。而APP中的P＝O和P—O键在$1250cm^{-1}$和$884cm^{-1}$处的特征吸收峰可能与$1245cm^{-1}$处和$873cm^{-1}$处的C＝O的特征吸收峰重叠。

通过SEM对LBL组装涂层处理前后涤纶织物的表面形貌进行研究，结果如图6-6所示。

从图6-6可以看出，未涂层的涤纶织物表面平整光滑，而经LBL组装涂层涤纶织物表面形貌发生了明显变化。纤维表面涂层厚度和覆盖率随着BL的增加而增加，PET-5BL和PET-1BL表面存在未覆盖区域。而PET-10BL的表面涂层比PET-5BL的更厚，PET-20BL的表面涂层比PET-10BL厚很多。因此，结合FTIR光谱和SEM结果，表明通过LBL组装方法成功地在涤纶织物上构建了CH/APP阻燃涂层。

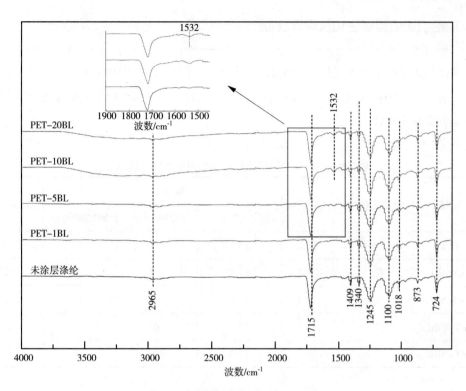

图6-5 涤纶织物ATR-FTIR光谱

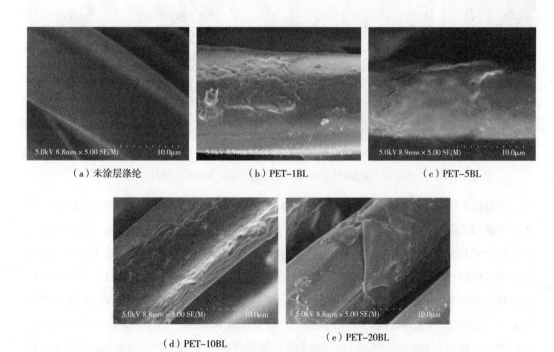

（a）未涂层涤纶　　　　　（b）PET-1BL　　　　　（c）PET-5BL

（d）PET-10BL　　　　　（e）PET-20BL

图6-6 未涂层和涂层PET织物的表面形貌

二、涤纶织物的阻燃性和抗熔滴性能

采用LOI和垂直燃烧对未处理和LBL组装涂层织物的阻燃性能和抗熔滴性能进行测定，结果见表6-6。表6-6还给出了LBL组装涂层涤纶织物的加上量。涤纶织物经过LOI测试后的形态如图6-7所示。

表6-6　未涂层和涂层涤纶织物的阻燃性和抗熔滴性能

试样	增加含量/%	LOI/%	垂直燃烧			熔滴现象
			损毁长度/cm	续燃时间/s	阴燃时间/s	
PET	—	21.1	15.1	17.5	0	严重
PET-1BL	0.57	22.1	14.4	1.2	0	少量
PET-5BL	5.8	24.4	13.6	0	0	少量
PET-10BL	7.3	25.5	13.3	0	0	无
PET-20BL	8.9	26.2	13.0	0	0	无

（a）未涂层PET　　（b）PET-1BL　　（c）PET-5BL　　（d）PET-10BL　　（e）PET-20BL

图6-7　未处理和阻燃处理后涤纶织物LOI测试后照片

由表6-6可知，PET-1BL的加上量仅为0.57%，加上量随着BL数量的增加而增加，当涤纶织物LBL组装20BL时，涤纶织物的加上量达到8.9%。经过CH/APP LBL组装涂层后，涤纶织物的LOI和垂直燃烧性能都得到了提高。未涂层涤纶织物的LOI仅为21.1%，涂层后涤纶织物的LOI随着BL数的增加而增加，当组装20BL CH/APP涂层时，LOI达到26.2%。未处理涤纶织物的损毁长度为15.1cm，涂层处理后的涤纶织物损毁长度随着BL数的增加而减小。涤纶织物经20BL的CH/APP处理后损毁长度降为13cm。且经LBL涂层处理后涤纶织物的续燃时间大大缩短，当经5BL CH/APP处理后涤纶织物的续燃时间为0s。由表6-6可知，随着BL数的增加，经LBL涂层涤纶织物的抗熔滴性能也得到了明显改善。涤纶织物经涂层CH/APP后会使熔滴现象减弱或消除，即使LBL组装1BL CH/APP涂层，熔滴也会减弱。涤纶织物经10BL CH/APP涂层处理后，可消除熔滴现象。因此，LBL组装CH/APP涂层后的涤纶织物的阻燃性和抗熔滴性能得到了提高，特别是CH/APP涂层超过10BL时，消除了熔滴现象。

如图6-7所示，经过LBL组装涂层后，LOI测试后涤纶织物的形态发生了明显变化。未涂层涤纶织物存在明显的熔融收缩现象，涂层超过5BL CH/APP后，涤纶织物易形成炭，其形貌完全保持。结果表明LBL组装CH/APP涂层可以促进涤纶织物成炭，表现出良好的抗熔滴性能。

同样研究了涤纶织物经1mol/L NaOH溶液预处理，再LBL组装CH/APP涂层对涤纶织物阻燃和抗熔滴性能的影响。处理后涤纶织物的LOI和垂直燃烧性能见表6-7。

表6-7　碱处理后涤纶织物LBL前的阻燃性能及抗滴性能

试样	加上量/%	LOI/%	垂直燃烧			熔滴现象
			损毁长度/cm	续燃时间/s	阴燃时间/s	
PET-1BL	1.1	22.5	14.4	0	0	少量
PET-5BL	7.8	24.9	12.9	0	0	无
PET-10BL	13.6	26.6	8.0	0	0	无
PET-20BL	15.1	26.5	7.8	0	0	无

由表6-7可知，碱处理涤纶织物的加上量也随着LBL组装涂层数的增加而增加，高于未经碱处理的涤纶织物组装相同层数的CH/APP涂层。经碱处理后的涤纶织物LOI和垂直燃烧性能与未经碱处理涤纶织物LBL组装表现出相同的趋势。在相同BL条件下，涤纶织物经碱处理后的LOI比未经碱处理织物的LOI略有增加。经碱处理的涤纶织物在相同浓度下的损毁长度明显低于未经碱处理的涤纶织物。结果表明，高加上量的CH/APP有利于提高涤纶织物的垂直燃烧性能，但对织物的LOI影响不大，高加上量也有利于提高抗熔滴性能。5BL CH/APP层层组装处理后涤纶织物的熔滴现象消失。综上所述，对涤纶织物进行碱处理可以促进涤纶织物与带正电荷的CH的结合，使CH/APP的LBL组装具有更高的加上量和更好的抗熔滴性能。

三、LBL组装涂层处理涤纶织物热稳定性

用热重分析仪（TGA）分别研究未涂层和LBL组装涂层涤纶织物在氮气和空气气氛下的热稳定性。TG曲线和DTG曲线如图6-8所示，其中氮气气氛下未涂层和LBL组装涂层涤纶织物的TGA数据见表6-8。

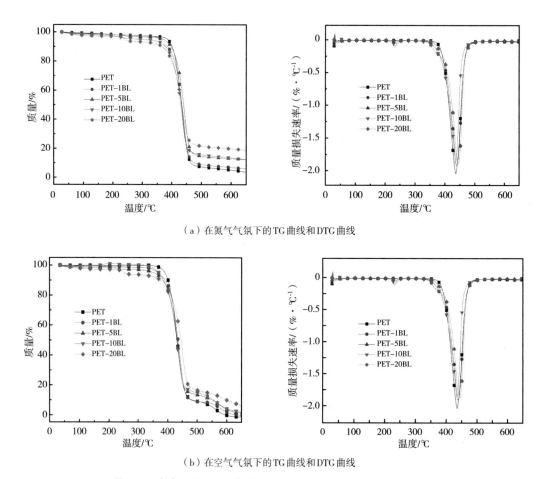

（a）在氮气气氛下的TG曲线和DTG曲线

（b）在空气气氛下的TG曲线和DTG曲线

图6-8　未涂层和LBL组装涂层涤纶织物的TG曲线和DTG曲线

表6-8　在氮气气氛下未涂层和LBL组装涂层涤纶织物的TGA数据

试样	$T_{-10\%}/℃$	$T_{max}/℃$	最大失重速率/（%·℃$^{-1}$）	600℃残留物含量/%
PET	402	436	2.04	5.09
PET–1BL	398	437	1.91	6.92
PET–5BL	387	439	1.88	12.98
PET–10BL	379	444	1.84	14.66
PET–20BL	368	445	1.81	19.86

　　从图6-8（a）和表6-8可知，在氮气气氛下，未涂层和LBL组装涂层的涤纶织物都只有一个失重阶段。涂层涤纶织物的起始分解温度随着BL数的增加而降低，且低于未涂层涤纶织物。未涂层涤纶的起始分解温度为402℃，而LBL组装涂层20BL CH/APP的涤纶织

物起始分解温度为368℃，可能与CH和APP的较低起始分解温度有关。然而，涂层涤纶织物的最大失重速率温度随着BL数的增加而增加，说明LBL组装涂层能够提高涤纶织物的高温稳定性。随着BL数的增加，最大失重速率也降低。600℃时，未涂层涤纶织物的残留量仅为5.09%，随着BL数的增加，残留量也增加，经LBL组装20BL CH/APP涤纶织物的残留量提高到19.86%。说明在涤纶织物LBL组装CH/APP涂层会促进炭的形成，这可能是消除熔滴现象的原因。

在空气气氛下未涂层和LBL组装涂层涤纶织物的TGA结果如图6-8（b）所示，相关数据见表6-9。从图6-8（b）和表6-9可知，在空气气氛下的涤纶织物热降解过程与在氮气气氛下不同，未涂层和涂层的涤纶织物都出现了两个失重阶段。在空气气氛下，涂层涤纶织物的起始分解温度也随着BL的升高而降低，产生原因与在氮气气氛下可能是相同的。两阶段最大失重速率和最大失重速率温度与在氮气气氛下的变化趋势相同。600℃在空气气氛下的残留量也随着BL数的增加而增加，说明LBL组装涂层涤纶织物在空气气氛下也能促进残炭的形成。

因此，LBL组装涂层涤纶织物不仅能提高其高温稳定性，而且在氮气气氛和空气气氛下都能促进炭的形成。表明涤纶织物经LBL组装CH/APP涂层处理后可在其表面形成具有阻隔作用的炭层，表现出了明显的凝聚相阻燃作用。

表6-9　在空气气氛下未涂层和LBL组装涂层涤纶织物的TGA数据

试样	$T_{-10\%}$/℃	第一失重阶段		第二失重阶段		600℃残留物含量/%
		T_{max}/℃	最大失重速率/($\%\cdot℃^{-1}$)	T_{max}/℃	最大失重速率/($\%\cdot℃^{-1}$)	
PET	401	432	1.92	564	0.16	0.42
PET-1BL	391	432	1.70	568	0.15	1.87
PET-5BL	386	432	1.65	572	0.14	3.92
PET-10BL	383	434	1.57	574	0.13	4.62
PET-20BL	376	437	1.50	576	0.11	9.98

四、涤纶织物燃烧后残炭表征

图6-9和图6-10为未涂层和LBL组装涂层涤纶织物经垂直燃烧后残炭形貌和残炭的FTIR光谱。

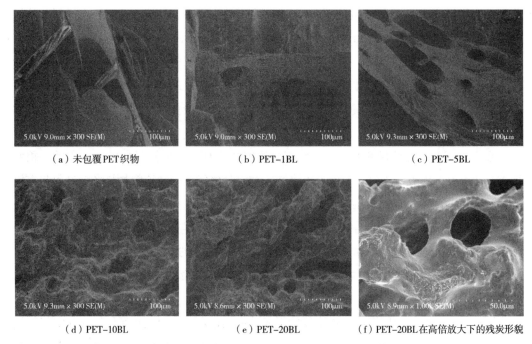

（a）未包覆PET织物　　　　　　（b）PET-1BL　　　　　　（c）PET-5BL

（d）PET-10BL　　　　　　（e）PET-20BL　　　（f）PET-20BL在高倍放大下的残炭形貌

图6-9　未包覆和LBL组装包覆涤纶织物残炭形貌

从图6-9中可以看出，未涂层涤纶织物的残炭表面存在裂纹和较大的孔洞。经LBL组装涂层后的涤纶织物与未涂层相比，其形态有明显变化。如图6-9（b）和图6-9（c）所示，PET-1BL和PET-5BL残炭表面仍然存在一些大孔。与未涂层涤纶的残炭相比，PET-1BL和PET-5BL出现了一些小的微孔，这可能是由于CH和APP的膨胀阻燃作用引起的。如图6-9（d）~（f）所示，随着BL的增加，膨胀炭层厚度逐渐增加，膨胀型阻燃效果更加明显，但

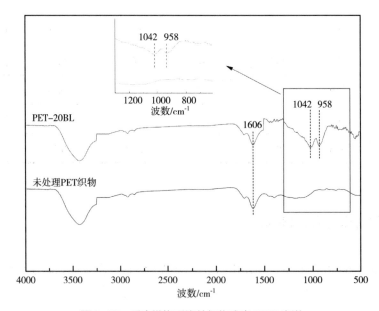

图6-10　垂直燃烧后涤纶织物残炭FTIR光谱

炭层表面仍有大于 20μm 的微孔存在，不利于阻隔外部传热和内部可燃气体的扩散。涂层涤纶织物会产生更多的残炭，残炭主要是膨胀炭层，存在较多的微孔。可能是 LBL 组装 CH/APP 涂层赋予涤纶织物的优异抗熔滴性能，但阻燃性不理想（LOI 小于 27%）的原因。LBL 组装涂层涤纶织物将促进形成具有大量微孔的膨胀炭层，不利于抑制热传递和可燃气体扩散，因此，赋予涤纶织物优异的抗熔滴性能，但对阻燃性能的改善并不明显。

由图 6-10 可以看出，经 LBL 阻燃处理后涤纶织物燃烧残炭的 FTIR 光谱与未处理涤纶织物残炭相比变化明显。阻燃处理前后，涤纶织物都存在 1606cm^{-1} 处 C=C 键残炭特征吸收峰。然而在阻燃处理后涤纶织物残炭红外光谱中出现了 1042cm^{-1} 和 958cm^{-1} 两个吸收峰，分别对应的是 P—O—C 和 P—O—P 键的伸缩振动吸收峰。结果表明，CH/APP 膨胀阻燃涂层在涤纶织物表面会发挥凝聚相促进涤纶织物成炭的作用，有利于涤纶织物的抗熔滴。

本章小结

本章研究了以支化聚乙烯亚胺（BPEI）或壳聚糖（CH）等为碳源或气源，以聚磷酸铵（APP）为酸源，采用层层自组装方法在涤纶织物上构成膨胀阻燃体系（IFR），研究经处理后涤纶织物阻燃抗熔滴性能，并对其阻燃和抗熔滴机理进行研究，得出以下结论。

（1）采用 BPEI 和 APP 在涤纶织物表面层层组装成功制备了阻燃抗熔滴涤纶织物。SEM 图表明，在涤纶织物表面成功地构建了 BPEI/APP 阻燃涂层。LOI 和垂直燃烧测试结果表明，经过 LBL 组装处理后，其阻燃性能和抗熔滴性能得到了提高，特别是当 BPEI/APP 涂层大于 10BL 时，其熔滴现象消除。对涤纶织物进行碱预处理可以促进涤纶织物与带电阻燃剂的结合，具有较好的阻燃性能。热重分析结果表明，在氮气气氛和空气气氛下，涤纶织物的 LBL 组装处理均能促进涤纶织物的成炭，其阻燃机理主要是通过凝聚相作用。残炭的 SEM 表明涤纶织物 LBL 组装 BPEI 和 APP 将促进形成完整的炭，有利于抑制传热和可燃气体扩散，赋予涤纶织物阻燃性和抗熔滴性能。

（2）采用层层自组装的方法，成功地在涤纶织物表面构建 CH/APP 膨胀型阻燃涂层。LOI 和垂直燃烧试验结果表明，LBL 组装涂层后涤纶织物的阻燃性能和抗熔滴性能都得到了改善，特别是 CH/APP 涂层大于 10BL 时消除了熔滴现象。涤纶织物 LBL 组装涂层之前，经碱处理将促进涤纶织物与阻燃剂的结合，表明高加上量的 CH/APP 涂层将赋予涤纶织物更好的阻燃性和抗熔滴性能。当 CH/APP 涂层在碱预处理涤纶织物上超过 5BL 时，熔滴现象消除。热重分析结果表明，在氮气气氛和空气气氛下，LBL 组装涂层涤纶织物均能促进炭的形成，表明其具有明显的凝聚相阻燃作用。残炭的 SEM 结果表明，LBL 组装涂层涤纶织物会促进具有较多微孔的膨胀炭层的形成，不利于抑制热传递和可燃气体扩散，赋予涤纶织物较好的抗熔滴性能，但阻燃性能并不理想。由于层层自组装方法依靠的是静电引力等弱相互作用进行层间组装，导致其牢度较低。后续可进一步研究通过引入交联剂形成更强的共价键，可提高层层组装阻燃涂层的牢度。

参考文献

[1] LIU W, CHEN D Q, WANG Y Z, et al. Char-forming mechanism of a novel polymeric flame retardant with char agent[J]. Polymer Degradation and Stability, 2007, 92(6): 1046-1052.

[2] ALONGI J, CIOBANU M, TATA J, et al. Thermal stability and flame retardancy of polyester, cotton, and relative blend textile fabrics subjected to sol－gel treatments[J]. Journal of Applied Polymer Science, 2011, 119(4): 1961-1969.

[3] MALUCELLI G. Surface-engineered fire protective coatings for fabrics through sol-gel and layer-by-layer methods: an overview[J]. Coatings, 2016, 6(3): 33.

[4] QIU X, LI Z, LI X, et al. Flame retardant coatings prepared using layer by layer assembly: a review[J]. Chemical Engineering Journal, 2018, 334: 108-122.

[5] LI Y C, SCHULZ J, GRUNLAN J C. Polyelectrolyte/nanosilicate thin-film assemblies: influence of pH on growth, mechanical behavior, and flammability[J]. ACS Applied Materials & Interfaces, 2009, 1(10): 2338-2347.

[6] LI Y C, SCHULZ J, MANNEN S, et al. Flame retardant behavior of polyelectrolyte-clay thin film assemblies on cotton fabric[J]. Acs Nano, 2010, 4(6): 3325-3337.

[7] ALONGI J, CAROSIO F, MALUCELLI G. Influence of ammonium polyphosphate-/poly(acrylic acid)-based layer by layer architectures on the char formation in cotton, polyester and their blends[J]. Polymer Degradation and Stability, 2012, 97(9): 1644-1653.

[8] CAMINO G, COSTA L, MARTINASSO G. Intumescent fire-retardant systems[J]. Polymer Degradation and Stability, 1989, 23(4): 359-376.

[9] ENESCU D, FRACHE A, LAVASELLI M, et al. Novel phosphorous-nitrogen intumescent flame retardant system: its effects on flame retardancy and thermal properties of polypropylene[J]. Polymer Degradation and Stability, 2013, 98(1): 297-305.

[10] ZHANG T, YAN H, SHEN L, et al. Chitosan/phytic acid polyelectrolyte complex: a green and renewable intumescent flame retardant system for ethylene-vinyl acetate copolymer[J]. Industrial & Engineering

Chemistry Research, 2014, 53(49): 19199-19207.

[11] ZHANG T, YAN H, WANG L, et al. Controlled formation of self-extinguishing intumescent coating on ramie fabric via layer-by-layer assembly[J]. Industrial & Engineering Chemistry Research, 2013, 52(18): 6138-6146.

[12] CAROSIO F, CUTTICA F, DI Blasio A, et al. Layer by layer assembly of flame retardant thin films on closed cell PET foams: efficiency of ammonium polyphosphate versus DNA[J]. Polymer Degradation and Stability, 2015, 113: 189-196.

[13] FANG Y, LIU X, TAO X. Intumescent flame retardant and anti-dripping of PET fabrics through layer-by-layer assembly of chitosan and ammonium polyphosphate[J]. Progress in Organic Coatings, 2019, 134: 162-168.

[14] FANG Y, ZHOU X, XING Z, et al. Flame retardant performance of a carbon source containing DOPO derivative in PET and epoxy[J]. Journal of Applied Polymer Science, 2017, 134(12).

[15] PAN Y, ZHAN J, PAN H, et al. Effect of fully biobased coatings constructed via layer-by-layer assembly of chitosan and lignosulfonate on the thermal, flame retardant, and mechanical properties of flexible polyurethane foam[J]. ACS Sustainable Chemistry & Engineering, 2016, 4(3): 1431-1438.

[16] LIU L, PAN Y, WANG Z, et al. Layer-by-layer assembly of hypophosphorous acid-modified chitosan based coating for flame-retardant polyester - cotton blends[J]. Industrial and Engineering Chemistry Research, 2017, 56(34): 9429-9436.

[17] FANG F, ZHANG X, MENG Y, et al. Intumescent flame retardant coatings on cotton fabric of chitosan and ammonium polyphosphate via layer-by-layer assembly[J]. Surface and Coatings Technology, 2015, 262: 9-14.

[18] JIMENEZ M, GUIN T, BELLAYER S, et al. Microintumescent mechanism of flame-retardant water-based chitosan-ammonium polyphosphate multilayer nanocoating on cotton fabric[J]. Journal of Applied Polymer Science, 2016, 133(32).

[19] HOLDER K M, SMITH R J, GRUNLAN J C. A review of flame retardant nanocoatings prepared using layer-by-layer assembly of polyelectrolytes[J]. Journal of Materials Science, 2017, 52(22): 12923-12959.

[20] JIANG Z, WANG C, FANG S, et al. Durable flame-retardant and antidroplet finishing of polyester fabrics with flexible polysiloxane and phytic acid through layer-by-layer assembly and sol - gel process[J]. Journal of Applied Polymer Science, 2018, 135(27): 46414.

[21] ZHANG P, SONG L, LU H, et al. The thermal property and flame retardant mechanism of intumescent flame retardant paraffin system with metal[J]. Industrial & Engineering Chemistry Research, 2010, 49(13): 6003-6009.

[22] CAROSIO F, ALONGI J, MALUCELLI G. Layer by layer ammonium polyphosphate-based coatings for flame retardancy of polyester-cotton blends[J]. Carbohydrate Polymers, 2012, 88(4): 1460-1469.

[23] JIMENEZ M, GUIN T, BELLAYER S, et al. Microintumescent mechanism of flame-retardant water-based chitosan-ammonium polyphosphate multilayer nanocoating on cotton fabric[J]. Journal of Applied Polymer Science, 2016, 133(32).

[24] HU S, SONG L, PAN H, et al. Thermal properties and combustion behaviors of chitosan based flame retardant combining phosphorus and nickel[J]. Industrial & Engineering Chemistry Research, 2012, 51(9): 3663-3669.

[25] CAROSIO F, LAUFER G, ALONGI J, et al. Layer-by-layer assembly of silica-based flame retardant thin film on PET fabric[J]. Polymer Degradation and Stability, 2011, 96(5): 745-750.

[26] ALONGI J, CAROSIO F, MALUCELLI G. Influence of ammonium polyphosphate-/poly(acrylic acid)-based layer by layer architectures on the char formation in cotton, polyester and their blends[J]. Polymer degradation and stability, 2012, 97(9): 1644-1653.

[27] CAROSIO F, ALONGI J, MALUCELLI G. Flammability and combustion properties of ammonium polyphosphate-/poly(acrylic acid)-based layer by layer architectures deposited on cotton, polyester and their blends[J]. Polymer Degradation and Stability, 2013, 98(9): 1626-1637.

[28] CAROSIO F, DI Pierro A, ALONGI J, et al. Controlling the melt dripping of polyester fabrics by tuning the ionic strength of polyhedral oligomeric silsesquioxane and sodium montmorillonite coatings assembled through layer by layer[J]. Journal of Colloid and Interface Science, 2018, 510: 142-151.

第七章

结论和展望

第一节　结论

　　9，10-二氢-9-氧杂-10-磷杂菲-10-氧化物（DOPO）用于聚酯阻燃，通过与含溴阻燃剂相似的气相机理发挥阻燃作用。先将DOPO经分散处理制备成阻燃剂分散液并以后整理的方式用于涤纶阻燃。从降低DOPO分子中P-H键活性以提高与分散染料染色同浴进行的可行性和提高阻燃剂利用率方向着手进行研究，合成了DOPO的羟甲基（DOPO-CH₂OH）和甲基（DOPO-CH₃）衍生物并以后整理的方式用于涤纶阻燃。然后在以气相机理起作用的DOPO上引入可在凝聚相起作用的阻燃基团，以提高阻燃剂的阻燃性能和减弱涤纶的熔滴现象。通过DOPO-CH₂OH与环磷腈结合或引入含碳源的含磷环状化合物（DOPC），合成了含磷杂菲的环磷腈衍生物六（磷杂菲-羟甲基）环三磷腈（DOPO-TPN）和含碳源的DOPO衍生物2-磷杂菲-羟甲基-5，5-二甲基-2-氧-1，3，2-二氧磷杂环己烷（DOPO-DOPC）阻燃剂。并基于膨胀阻燃体系可发挥优异的气相和凝聚相阻燃作用，采用层层自组装方法在涤纶织物上构建膨胀阻燃体系，研究对涤纶织物阻燃和抗熔滴性能的影响。研究取得主要进展如下：

　　（1）DOPO衍生物合成。合成DOPO的羟甲基衍生物（DOPO-CH₂OH）和甲基衍生物（DOPO-CH₃）。依照文献DOPO-CH₂OH由DOPO和甲醛在乙醇中80℃反应制得，产率为80%。参考不同文献，DOPO-CH₃首先由DOPO与原甲酸三甲酯在甲醇中反应生成DOPO-OCH₃，然后DOPO-OCH₃在对甲苯磺酸甲酯的催化作用下经Michaelis-Arbuzov重排反应得到DOPO-CH₃，基于DOPO的产率为90%。将DOPO-CH₂OH和环三磷腈结合制含磷杂菲和环磷腈两种阻燃片断的阻燃剂DOPO-TPN。DOPO-CH₂OH与六氯环三磷腈在三氯甲烷为溶剂三乙胺催化条件下回流反应48h可得到DOPO-TPN，产率为75%，基于DOPO的产率为60%。在DOPO-CH$_2$OH上引入含碳源的含磷环状化合物制含碳源的DOPO衍生物DOPO-DOPC。首先由新戊二醇与三氯氧磷合成DOPC，再由DOPO-CH$_2$OH与DOPC在三氯甲烷为溶剂三乙胺催化条件下回流反应24h，可得到DOPO-DOPC，产率为88%，基于DOPO的产率为70%。DOPO-TPN和DOPO-DOPC为本研究首次合成，两者的合成条件还有深入优化的余地。

（2）涤纶织物阻燃整理与效果。制得的DOPO分散液处理涤纶织物可达到接近含溴阻燃剂DFR的水平。整理品经5次洗后LOI略有增加，耐洗性好。DOPO整理涤纶织物较低的磷含量就可赋予其优异的阻燃性能，显示了高效的阻燃性，但采用浸渍法整理时存在阻燃利用率低的问题，提高整理温度和延长整理时间，对阻燃剂利用率并无改善，热熔法整理阻燃剂的利用率明显高于浸渍法。与分散染料同浴处理涤纶织物时，整理品的LOI略高于DFR的，但对分散染料的染色性能的影响大于DFR，可能与DOPO中的P—H键有关。

DOPO-CH$_2$OH可以与分散染料同浴处理涤纶织物，表明活泼P—H键中的H转换成—CH$_2$OH后确能减小对分散染料同浴染色的影响。但整理品阻燃性能低于DOPO的。极性较小的DOPO-CH$_3$整理涤纶织物，整理品的阻燃性能明显优于DOPO-CH$_2$OH。浸渍法整理时，相同浓度和相同处理条件DOPO-CH$_3$利用率是DOPO-CH$_2$OH的2.6倍，也高于DOPO。因此通过降低DOPO衍生物的极性在一定程度上可以提高阻燃剂的利用率。不过阻燃剂的利用率依然较低。阻燃机理研究表明DOPO、DOPO-CH$_2$OH和DOPO-CH$_3$主要是通过气相机理起作用，无凝聚相作用。

含磷杂菲和环磷腈两种阻燃基团的阻燃剂DOPO-TPN用于涤纶织物阻燃整理，阻燃性能略高于等浓度的DOPO-CH$_2$OH阻燃整理品，但低于DOPO和DOPO-CH$_3$整理品；涤纶织物的熔滴现象并没有改善。可能与DOPO-TPN较大的分子体积有关。较小分子体积的DOPO-DOPC阻燃整理涤纶织物，其阻燃性能优于等浓度的DOPO-CH$_2$OH和DOPO-TPN阻燃整理品，与DOPO和DOPO-CH$_3$阻燃整理品相近，抗熔滴性有所改善，并具有较好的耐洗性。DOPO-DOPC也可与部分分散染料同浴进行阻燃和染色。对DOPO-TPN和DOPO-DOPC阻燃机理进行研究发现，两者都兼具气相和凝聚相阻燃作用，且DOPO-DOPC的凝聚相阻燃作用更明显，这可能是DOPO-DOPC阻燃性能优于DOPO-TPN和对涤纶抗熔滴性能有所改善的原因。

（3）PET共混阻燃。DOPO-TPN和DOPO-DOPC的起始失重温度在270~280℃，比DOPO-CH$_2$OH的起始失重温度提高了50℃以上，可用作PET共混型阻燃剂。DOPO-TPN和DOPO-DOPC以共混的方式用于PET的阻燃处理都可赋予PET优异的阻燃性能。且DOPO-DOPC的阻燃效率明显优于DOPO-TPN，能以较低的磷含量达到高于DOPO-TPN共混PET的阻燃性能，显示所引入含磷碳源的有效性。

（4）DOPO及所合成的其衍生物阻燃剂用于涤纶阻燃整理的效果进行相互比较，并与五种涤纶用商品磷系阻燃剂比较，认为DOPO及其衍生物阻燃剂比商品阻燃剂阻燃性更优，特别是耐洗性更好，但浸渍法整理时阻燃剂的利用率明显低于商品阻燃剂。DOPO-DOPC对涤纶具一定抗熔滴性，浸轧法处理涤纶时的利用率达到27%，氧指数和垂直燃烧阻燃性都很好，在几种DOPO衍生物中最适用于涤纶阻燃整理，与商品阻燃剂比较有综合优势。由此也证明了合成路线的合理性。

（5）采用层层自组装的方法，在涤纶织物分别构建BPEI/APP和CH/APP膨胀阻燃体系。经过LBL组装处理后，涤纶织物阻燃性能和抗滴性能都得到了提高，尤其是抗熔滴性能，可以消除涤纶织物的熔滴现象。对经过阻燃处理后的涤纶织物阻燃机理研究表明，LBL组装处理膨胀阻燃体系均能促进涤纶织物的成炭，具有明显的凝聚相阻燃作用。但LBL组装涂层涤纶织物会促进形成具有较多微孔的膨胀炭层，不利于抑制热传递和可燃气体扩散，赋予涤纶织物优异的抗熔滴性能，但阻燃性能并不理想。

第二节　工作展望

本书主要针对无卤含磷阻燃剂的开发和应用，以9，10-二氢-9-氧杂-10-磷杂菲-10-氧化物（DOPO）为阻燃母体，合成得到一些DOPO的衍生物，并以后整理的方式用于涤纶织物或共混的方式用于PET的阻燃处理进行了大量的研究工作，且研究了以层层自组装方法在涤纶织物上构建膨胀阻燃体系，并取得了一定的研究成果，但在某些方面还存在一些不足，有待于进一步的研究。基于本论文中对该课题的研究所得到的研究成果的总结和思考，对今后的研究工作提出以下几点建议和展望：

（1）本书将DOPO及衍生物制备成分散液以后整理的方式用于涤纶阻燃，可赋予涤纶织物优异的阻燃性能。但是DOPO及衍生物采用后整理的方式进行涤纶阻燃处理，存在利用率低的问题，造成了很大的浪费且带来了环境问题。因此后续研究工作如果能从提高阻燃剂的利用率，降低阻燃剂的用量方向入手，将会有很好的实际应用价值。

（2）本书中合成的两种新的阻燃剂DOPO-TPN和DOPO-DOPC以共混的方式用于PET的阻燃处理，较少的用量就能赋予PET优异的阻燃性能。但并未结合共混PET的机械等性能进行综合考虑，以得到阻燃性能较好但对PET其他性能影响小的适宜添加量，以使得到的共混PET可用于后续的纺丝。如从这方面进行研究，将会使这两种阻燃剂更具有实际的应用价值。

（3）本书中合成的两种新的阻燃剂DOPO-TPN和DOPO-DOPC采用的是气相与凝聚相两种阻燃作用相结合的思路，可赋予阻燃剂更优的阻燃性能，且在DOPO中引入凝聚相作用的阻燃基团对涤纶的熔滴现象有所改善。因此可以进一步研究DOPO衍生物与其他类型的阻燃剂之间的复合，也可在DOPO上引入其他更好凝聚相阻燃作用的阻燃基团，使涤纶的熔滴性能得到明显改善。

（4）采用层层自组装的方法在涤纶织物上构建膨胀阻燃体系可赋予涤纶织物一定的阻燃性和优异的抗熔滴性能，阻燃性能还有待于进一步提高。且层层自组装方法依靠的是静电引力等弱相互作用进行层间组装，导致阻燃和抗熔滴性能牢度较低。后续可进一步研究通过引入交联剂形成更强的共价键，可提高层层组装阻燃涂层的牢度。